時間の分子生物学

時計と睡眠の遺伝子

粂 和彦

講談社学術文庫

文庫版のはじめに

本書は発行後、長年にわたって、少しずつ増刷を重ね、新書版は七刷を数えます。そして、この度、文庫版に収載して頂くことになりました。一般に寿命が短い科学書としては珍しいことで、最大の理由は、本書で取り上げた発見の数々が、今でも最新科学の一部であり、時代を超えて、誰もが、わくわくする物語だからだと思います。

動物や植物が、なぜか、みな二四時間の時計を持っていて、それを上手に使って生活していることや、私たちが、毎晩眠くなって、夢を見ながら眠ることなど、身近な出来事の科学には長い歴史があります。ただ、その原理を作る遺伝子たちの働きは、分子生物学が最も急速に進んで、ヒトの全ゲノムも解読された二一世紀の初めに、次々と解明されました。

本書のメインテーマの「概日周期を制御する分子機構の解明」には二〇一七年にノーベル医学生理学賞が与えられました。体内時計の研究は一八世紀頃から始まり、その現象の面白さから多くの科学者を魅了してきました。そして、分子生物学の進歩と時計遺伝子の発見により、二一世紀初めには、分子でできた部品レベルでの時計の仕組みが解明されます。この科学の発展の物語の面白さは、私が本書を興奮しながら書いた時から、全く色褪せていません。ノーベル賞を受賞した三名は、みな筆者が個人的に良く知っているショウジョウバエを思った方は、是非、本書をお読みください。

連で、二〇〇四年のアクセルも含めればこれで六個目のノーベル賞です。どうしてハエかと

研究する科学者です。実はショウジョウバエは一九三三年のモルガン以来、ノーベル賞の常

　本書のもう一つのメインテーマの睡眠の研究でも、二〇世紀末に睡眠を制御するオレキシンという物質を発見した柳沢正史先生は、当時はテキサス大学にいましたが、今は帰国して筑波大学に世界一の睡眠科学研究所を作りました。このオレキシンが、眠り病とも呼ばれるナルコレプシーという病気の原因だという大発見は睡眠の遺伝学研究の中で最大の進歩でした。そして、順遺伝学と逆遺伝学という正反対の科学手法を使う二つのグループが、ほぼ同時期に、この発見にたどり着いたことは、科学の歴史の中でも、比類なき面白い物語です。そして、現在ではオレキシンを標的とした睡眠薬が発売されて、既に売り上げがトップクラスとなっています。この薬は、従来の睡眠薬の常識を変える副作用が少ない薬で、不眠症に悩む多くの人にとって身近な薬となっています。その元となった物質の発見秘話が本書にあります。

　さらに、私たちが始めたショウジョウバエの睡眠の研究は、当時は昆虫が眠ることを信じてくれない科学者さえいました。それが、今では多くの科学者が競いあうホットな研究分野になり、ハエどころか、タコやクラゲ、線虫までが眠ると考えられるようになりました。その結果、多くの生物種で共有されている遺伝子も多数見つかっています。

　さまざまな人間の機能が遺伝子で説明できるようになった現在、いまだに謎とされるの

が、意識、つまり心の問題です。科学の進歩の最後に残された謎は、宇宙の起源と心の起源だともいわれますが、睡眠は意識がない状態であるため、最終的には意識の謎と同じくらい難しい謎を秘め、今では脳科学の中でも多くの研究者が注目する研究分野になっています。

そのルーツから記載した本書は、いつ読んでも科学の醍醐味を味わって頂けるもので、さらに歴史的価値も生まれています。さらに、最近の日進月歩の科学も紹介するため、文庫版に収載される機会に、本文を全面的に見直して、最新の研究結果も紹介しました。深く興味のある方に向けては、ブックガイドに新しい本も加えました。是非、遺伝子が時間と睡眠を作り出す仕組みを楽しんで下さい。

目次

はじめに

「昼」と「夜」——地上にはまったく異なる二つの環境が交互に現れます。地球が自転しながら、太陽のまわりを回っているからです。

最初の生命が誕生したとされる三八億年前から、昼と夜の環境の違いは生物に大きな影響を与えてきました。そして、一日の変化をうまく利用することができる生物が進化と淘汰に勝ち残ってきました。

その結果、地球上のほぼすべての生物の遺伝子には、二四時間の時を刻む能力が書き込まれています。これが生物時計です。この時計を使って、生物は環境の変化を予測して対応しているのです。

生物時計は、進化的に非常に古く、太古の昔から発達していました。

人間とショウジョウバエは、ほとんど同じ遺伝子を使って時を刻む生物時計を持っています。哺乳類と昆虫が進化的に袂《たもと》を分かったのは、七億年以上前のことととされていますから、その頃の共通の祖先にはすでに私たちと同じ遺伝子を使った生物時計がそなわっていたわけです。

二四時間不眠不休の社会に生きる現代人の脳の中でも、この生物時計が脈々と時を刻み続けています。そのおかげで、徹夜して寝不足の朝でもすっきりとした気分で仕事をできることがあるかと思えば、逆に時差ぼけでひどく悩まされることもあります。動物や植物は、生物時計を使って時刻だけでなく季節も知ります。さらに驚くべきことに、渡り鳥は、この時計から渡りの方角まで決めています。

遺伝子工学の発展とともに花開いた分子生物学は、この生物時計の設計図と、それが時を刻むしくみを二〇世紀の最後の数年でとうとうすべて解明しました。そのしくみは実に単純ですが、素晴らしいものでした。

生物時計は一日周期で変化する体のさまざまな機能を制御していますが、私たちにとって、生物時計ともっとも密接な関係を持つのは睡眠です。

睡眠には今でも多くの謎が残されています。そもそもなぜ人は眠るのでしょうか？　なぜ夢を見るのでしょうか？　私たちは何時間眠ったらよいのでしょうか？　はっきりとした答えはまだわかっていません。

しかし近年、やはり分子生物学の進歩とともに、睡眠という現象がどのように遺伝子に書かれているのかもわかりつつあります。そして、生物時計と睡眠という、これまで別々に語られることの多かった研究分野が急速に接近して、両者の関係を含めた全体像に迫っているのです。

本書を通して、生物が持つ驚異的なしくみの一端と、サイエンスの最前線の躍動に触れていただければ幸いです。

1章　なぜ生物時計があるのか

リズム、リズム、リズム

「リズム」というのは、小学生でも知っている簡単な言葉ですが、辞書を調べてみると、「音楽のテンポ、律動、律動的な動き、調子、周期的変動」などとあります。ようするに、だいたい同じ長さの時間周期で、同じようなことをしたり、似たようなことが起きることです。

私たちは日常生活をさまざまなリズムで過ごしています。

たとえば、朝起きて夜眠るという一日単位のリズムや、月曜日から学校や会社にでかけて週末は休む一週間単位のリズム、もっと長い目で見ると、女性の月経周期のように一ヵ月単位のリズムや、毎年同じ季節に似たようなことをする一年単位のリズムもあります。

短いものでは、食べては動いて、おなかが減ったらまた食べるという一日に三回のリズムがあります。

植物の世界にも、春に芽吹き、秋に紅葉し、冬に落葉する一年単位のリズムがあります。

ひまわりが太陽を追いかけて回転したり、オジギ草が夜になると葉を閉じるのは一日単位のリズムです。

これらの周期的な生物現象はすべて、広い意味で「**生物リズム**」に含まれます。

生物リズムは、内因性・自律的なリズムと、外因（環境）性・他動的なリズムに分けられます。リズムを作り出しているのが、生物自身なのか、生物が棲む環境なのか、という分類です。

私たちの日常生活での一日単位のリズムは、太陽が昇って明るくなるとか、目覚まし時計で起きるという外部の要因で作られている感じがします。しかし、あとで述べるように、このような外部の環境変化や機械でできた時計などなくても、一日のリズムは維持することができます。ですから、これは生物がもともと持っていて自分で作り出している内因性のリズムなのです。

実生活のリズムには人為的な環境による外因性のものも多く、それも重要です。たとえば、月曜日から日曜日までの一週間のリズムはもっとも基本的なリズムのひとつですが、これは旧約聖書に出てくる神様が七日目に休んだことに由来するようです。もしこの神様が六日目に休んだら、または七日目も頑張ったら、六日周期とか八日周期だったのか、とても興味のあるところですが、今となっては謎のままです。

さまざまな周期の生物現象

生物リズムは、このような内因性－外因性のほかに、周期の長さによっても分類されます。

本書のメインテーマである一日単位のリズムは、英語でサーカディアン・リズム (circadian rhythm)、日本語では**概日周期**と呼びます。ラテン語でサーカ (circa) は「約」「だいたい」、ディアン (dian) は「一日」を表します。

この二四時間より周期が短いリズムをウルトラディアン・リズム、逆に長いリズムをインフラディアン・リズムと呼びます。短いものでは、数時間、数分、数秒、数ミリ秒（一秒の一〇〇〇分の一）単位まで、長いものでは、数日単位、月単位、季節単位、年単位、さらには数年の単位などの、さまざまなリズムが体内で刻まれています。

周期の短い現象として一例をあげれば、数時間単位ではホルモンの分泌、数秒単位では心臓の鼓動の回数を決めるペースメーカー活動、数ミリ秒単位では、神経細胞の活動や、チャンネルと呼ばれる、細胞の外側の膜に存在するイオンなどを通す穴の開閉などがあります。

長いほうでは、ホルモンの内分泌リズムに基づく女性の月経周期が代表的です。人間では月単位ですが、実験動物のマウスなどでは数日単位、その他の自然界の動物では季節単位です。もっと長い周期では、一三年や一七年に一度の周期で大発生するセミ（素数ゼミ）が知られています。このリズムのしくみはまだわかっていませんが、一三年、一七年という長い年数を地中で幼虫として過ごしてから、一斉に地上に出現するのはとても面白い現象で、今後の研究が期待されます。

余談ですが、生物リズムというと、昔流行した「バイオリズム」を思い浮かべる方がいるかもしれません。三三日周期でアップ・ダウンする知性のリズム、二三日周期の体のリズム、二八日周期の感情のリズムという三つの異なる周期のリズムが、出生した〇歳の誕生日に始まり一生続いているという話です。本当ならとても興味深いですが、残念ながら科学的な裏付けはまったくありません。

生物時計

ある一定のリズムを作るには、その周期を測る時計が必要です。

時計というのは、狭い意味では時刻を知るために壁にかけたり腕につけたりするものです。しかし、広い意味ではストップウォッチや砂時計、メトロノームも時計ですし、カレンダーも時を知るしくみとしては時計の仲間です。

現代では正確な時刻・時間を知るために機械を使いますが、昔は、日の出・日の入の時を基準にして時刻を知ったり、月の満ち欠けや太陽の高さ、そして気温や植物の変化で季節を知ったりしました。また、砂時計はある時点からの経過時間を測り、「ししおどし」は流れ行く一定の時間を水が刻みます。

暮らしの中で、時計を一度も見ない日はないでしょう。ニュース番組に表示される時刻を気にしながら朝食をとり、手帳でスケジュールを確認。休みが近づけばカレンダーを見て、予定を立てます。人間は、実にさまざまな形で時の流れを意識し、測り続けているのです。

さて、分刻みのスケジュールに追われる現代人ほどではないにしても、動物や植物にも時刻や時間の長さを知らないと困ることがいろいろあります。そのため生物は、一日の中での時刻を知ったり、さまざまな単位の長さの時間（周期）を測るしくみを持っています。これが広義の「**生物時計**」です。

このように、生物リズムにも生物時計にもいろいろな種類がありますが、二四時間周期の生物時計による生物リズムがもっとも身近なものです。また、睡眠などとの関係で臨床医学的にも重要なので、概日周期という言葉は、生物時計や生物リズムとほとんど同じ意味でよく使われます。

もちろん厳密にいえば、リズムは時計で刻まれるものだけではありませんし、時計と呼ばれても、砂時計や腹時計のようにリズムを刻まないものもあります。周期が二四時間でないリズムもあります。

しかし、本書では「生物リズム＝概日周期」、「生物時計＝概日周期を刻む時計」と考えてください。なお、生物時計は、一般に「体内時計」とも呼ばれます。動物ではこの生物時計が脳の中にあるので、「脳内時計」ということもあります。

生物時計の四条件

この生物時計を時計と呼ぶためには、いくつかの条件が必要です。

第一に、自律的に動くことです。つまり、外部の環境や行動が時計を進めるのではなく、

大正時代の24時間時計（島根県津和野町・日原歴史民俗資料館蔵）

自動的に時間を刻み続ける能力が求められます。電池によるモーター式にせよ、ねじ巻き式にせよ、時計は自分で動かなければ意味がありません。

第二に、外から調整ができることです。時計の精度は大変よくなりましたが、どんな時計でも少しは狂います。本当の時刻とずれたときには合わせないといけません。最近では、まったく合わせる必要のない電波時計というものもありますが、これも、標準電波をキャッチして時計が自分で合わせているのですから、調整ができるという意味では同じです。調整のことをリセットと呼びます。

この第一の自律して動くことと第二のリセットができることが、時計の最低条件ですが、この本で扱う生物時計にはさらに二つの条件が加わります。

第三の条件は、時計の針が一周するのに約二四時間かかることです。概日周期を刻むものが生物時計ですから、アナログ時計のように一二時間で短針が一周してはいけません。ちょうど本書を執筆中に、大正時代の二四時間時計を偶然見つけました。普通の時計の六時が深夜の零時で、九時、一二時、三時が、それぞれ、午前六時、正午、午後六時となっています。生物時計の文字盤と針の動きも、イメージとしてはこれと同じです。

第四の条件は、温度変化などの環境変化に対して周期が安定していることです。これは、哺乳類や鳥類のように体温が常にほぼ一定に保たれている恒温動物では、あまり重要なことではありません。しかし、魚類や爬虫類などの変温動物は、周囲の環境によって体温が変わります。そのような体温変化があっても、生物時計はだいたい二四時間で一周してくれないと困ります。温度補償性と呼ばれる大切な性質です。

現代の科学では、人間の脳機能も、基本的な物理や化学の法則に従うと考えられています。そして、体の中のできごとは、タンパク質の酵素が触媒として働く化学反応で記載できます。酵素反応の多くは、温度が下がると反応速度が遅くなります。そのため、たとえば下等な生物では、環境の温度が下がると、細胞分裂などさまざまな生命現象の速度が、二分の一倍、三分の一倍と遅くなるのです。

私の研究しているショウジョウバエの場合、二五度で飼育すると卵から成虫になるのに一〇日間しかかかりませんが、一八度で飼育すると、たった七度の違いなのに、二〇日間近くかかってしまいます。しかし、一八度でも二五度でも、ショウジョウバエにとっての一日は約二四時間で、温度の影響をほとんど受けません。

哺乳類のような恒温動物でも、冬眠の時にはかなり体温が下がります。この時期は、雪の下で眠っているだけなので、時刻を知る必要などなさそうですが、やはり約二四時間周期で生物時計は時を刻み続けています。このように温度が変わっても周期が変わらないようにするには、とても精巧なしくみが必要です。温度補償性の不思議さは生物学者を魅了し、その機構はまだ謎だらけですが、糸口は見え始めています。時計の仕組みのところで説明します。

時刻の手がかりを隠して実験

生物時計がこれらの条件を満たしていることは、どうしたら証明できるでしょうか。これは少しやっかいな問題です。

自律的に動いていることを証明するには、外部環境の中にある時刻の手がかりを隠さないといけません。しかし、普通の環境では、たとえ時計を読めない動物でも、環境の中に時刻を知る手がかりがたくさんあります。代表的なものは光（明るさ）ですが、ほかにも日中は温度が高くなりますし、餌《えさ》を決まった時間にだけ与えれば、だいたいの時刻がわかります。また、日中は夜間に比べて音もうるさいものです。

そのため、生物時計の性質は、環境を一定にすることができる場所で証明されました。具体的には、さまざまな動植物を、温度や光が自由にコントロールできる実験室や箱に入れます。そして、最初は外の環境と同じように、昼は明るく、夜は暗くなるようにしておいて、その後、ある日をさかいに環境を一定にします。植物は真っ暗にすると枯れてしまうので一日中明るくすることもありますが、動物の場合はふつう一日中真っ暗にします。そして温度などの環境も一定にして、行動の観察を続けます。

すると、ずっと真っ暗にして時刻がわからないようにしたのに、翌日もそれまで起きていた時刻になると、動物は活動を始めるのです。

図1に示したのは、マウスの活動リズムの実験結果です。最初の七日間は、一日のうち一

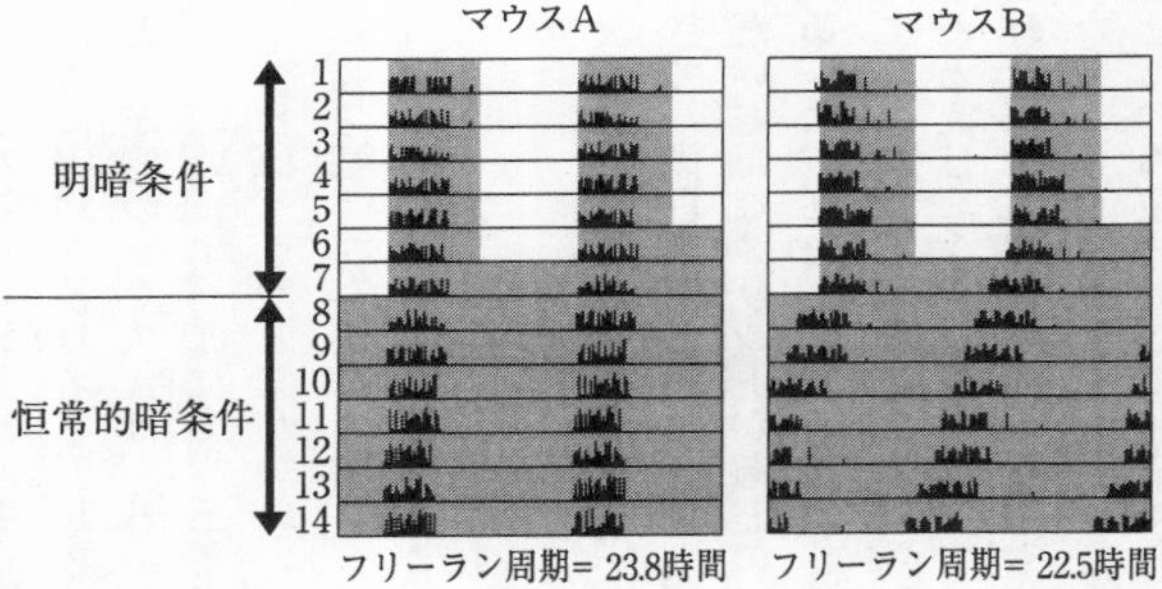

図１　マウスの夜行性活動リズム

二時間ずつ明るくして明暗のサイクルを作り、その後は、一日中完全に暗くしています。灰色の部分が明かりを消している時間帯です。なお、この図の書き方はダブル・プロットと呼ばれ、各段に二日分ずつのデータを並べています。つまり、最初の段には、一日目と二日目のデータを、二段目には、二日目と三日目を並べて、前後関係がよくわかるようにしてあります。

マウスは夜行性なので、最初の七日間は暗くなると活動を始めて、明るくなる前にはおとなしくなることがわかります。しかし、電気をずっと消して一日中真っ暗にした翌日も、いつもの時刻にやはり活動を始めます。

この活動の開始時刻が直前の日の活動開始時刻と同じことから、このマウスの生物時計による概日周期が、外部の明暗周期に同調していたこと（二番目の条件）がわかります。さらに、翌日、翌々日とずっと暗くしていても、やはり同じような時間に活動を始めるので、一番目の自律的に動くという条件を満たすことも明らかになりました。

さらに実験を続けると、起きる時間が少しずつずれていきます。このずれをもとに計算すると、左側のマウスAは、外からの調整がないと、一日をだいたい二三・八時間だと思って過ごしています。これで、三番目の条件の、約二四時間という条件にも適合します。右側のマウスBは、もっと気が短いのか、マウスAより早く起きてしまい、一日を二二・五時間くらいだと思っているようです。これは遺伝的な異常によることがわかっています。

なお、このように生物時計が外部の環境に影響されずに自由に動いている時の周期の長さを、**フリーラン周期**と呼びます。

次に必要なことを準備する

さて、概日周期という一日の時刻を教えてくれる時計を、生物が持っていることには、いったいどんなメリットがあるのでしょうか。

第一に、私たちが時計を使うのとまったく同じように、動物も植物も生物時計を持っていることで、今の時刻を知り、次に必要なことに対する準備ができます。

たとえば、ショウジョウバエは明け方の早い時間にさなぎから羽化して成虫になります。これは蝶やセミなど他の昆虫もほとんど同じです。

なぜかというと、さなぎから羽化したばかりの成虫は、羽が十分に伸びていないので飛べません。外敵に対して非常に弱い状態です。だから、外敵の目のない夜明け前の薄暗い時間帯にいっせいに羽化し、時間をかけて羽を伸ばす必要があるのです。

では、ハエは微かな光を感知して即座に羽化を開始しているのかというと、それでは手遅れになってしまいます。羽化は、あるホルモンがさなぎの中で働き始めてから数時間後に起きるので、ちょうど良い時刻に羽化するためには、前日の夜中のある特定の時刻に準備を始めないといけません。この時、外は真っ暗で時刻はわかりませんから、そのために時計が必要になるのです。

成虫になったあとも、ショウジョウバエは午前中の早い時間に活発に活動します。寝坊してしまうと明るくなりすぎて、天敵に見つかる危険性が多くなりますし、夏などは日照が激しすぎて乾燥しやすく不利なのです。さらに夕方の日没前にも、再び活発な時間があり、一日二回のピークを持って活動します。夏の朝夕に屋外にいるとすぐ蚊に刺されるのに、日中は意外と大丈夫なのはそのためです。一日中同じように活動を続けるより、一定の時間に同じ種類の虫同士が、群れ全体の活動を活発にした方が、自然界では雄と雌が出会う確率も高くなるというのも、別の大きな理由です。

同じように、まだ明るくなる直前にニワトリが鳴くのも、微かな夜明けの明かりを見つけたというよりは、体内の「目覚まし」時計に起こされたからだと考えられます。その証拠に、雲が厚くかかった非常に暗い朝でもちゃんと鳴きます。

自然界では、日の出・日の入や温度変化など、時刻を知る手がかりがあるにはありますが、曇った日もあるし、日中でも気温の低い日だってあります。そのような温度や光などの、時刻を知るためのヒントがなくても、一日のうちの時刻を知っていたほうが、得をすることがたくさんあり、時刻を知らない生物は生き残ることができなかったから、ほぼすべての動植物に生物時計があるのでしょう。

季節を知る

二番目の役割として、多くの動物・植物が生物時計を使って季節を測っています。たとえば、桜が咲く時期などの場合は、温度も大切ですが、平年より寒い春でも、ある時期になったら夏の準備を始めないと手遅れになります。多くの野生の動物は、一年のうちの一定期間にしか交尾しません。ニホンザルの場合、桜の咲く少し前のほんの短期間だけだそうです。もし夏から秋に交尾してしまうと、食べ物が少ない冬に子供が生まれてきて困ってしまうからです。

それじゃあ一年を測る時計（日めくりやカレンダー）を持っていればよい、という考え方もあるでしょう。しかし、生物にとっては効率も大切です。周期の異なる二つの時計を持つよりも、ひとつの時計を上手に使って、一年という長い時間での季節の変化も測った方が効率的です。

一日の時刻をもとにどうやって季節を知るかというと、朝の時刻と夕の時刻の差から日照時間を計算しています。「今日は日の出が七時で、日没が六時だったから日照時間は一一時間。もうそろそろ春が近いはずだ」という感じです。

この現象は、植物では非常によく研究されていて、希少価値を高めた商品を作るために、温室の中で人工的に光を当てる時間を変えて、自然界で花が開く季節とは異なる季節に花を咲かせて出荷したりします。完全に温度を一定にした実験室の中でも同じことが観察できるので、温度とは関係なく、光と生物時計の働きによるものです。

なお、この日照時間の測り方は、「時刻」を測っているのであって、日照時間の「長さ」を測っているのではないことも示されています。たとえば、昼間にしばらく暗くして、朝は早いが一日あたりの日照時間を冬のように短くしても、やはり日照時間が長い夏のような反応をすることなどがその根拠です。植物のこの性質は**光周性**と呼ばれ、多数の研究がなされています。

方角を決める

三番目として、もっと驚異的なことには、生物時計を使って方角を決めることのできる動物もいるのです。

渡り鳥は、海の上を一定の方向に何日間も飛び続けます。眼下は見渡す限り海か雲、時には島もありますが、ほとんど何の目印もなく、風もあてになりません。唯一信頼できるのは太陽です。しかし、太陽は季節（日付）と時刻によって方角が変わります。そこで、彼らは暦の日付、時刻と、太陽の方角から「計算して」、一定の方向に飛ぶのです。

たとえば東京では、三月の春分の日の日の出は六時頃で、この時、太陽は真東にあります。太陽は六時間後の一二時には九〇度移動して真南に行きますから、飛ぶ方向を、太陽に対して一時間に一五度ずつ変える必要があります。六月の夏至の頃には、日の出は四時半です。この時、太陽は北東にあり、真東から北に三〇度もずれます。一一時半に太陽が真南に到達するまで、一時間に一七度ずつ、太陽に対する方向を変えないと、一定の方角を目指せません。

鳥が、太陽を基準に生物時計を使って飛ぶ方向を決めていることは、渡り鳥のムクドリを使った実験で確かめられました。この実験では太陽の代わりに電灯を使います。そしてムクドリを台にくくりつけて、どちらに飛ぼうとするかを調べたのです。そうするとムクドリは、その電灯の方向に対してある一定の方向に向いて飛ぼうとします。南に飛ぶ季節には、朝は太陽を左に、昼は太陽に向かい、夕は太陽を右に見る必要があります。ですから、電灯の場所を固定しておくと、これを太陽と勘違いしたムクドリが飛ぼうとする方向は、時刻によって変わるわけです。さらに、この鳥の概日周期時計を制御する中枢神経（脳）のある部分を破壊してしまうと、「方向音痴」になってしまい、きちんと飛ぶべき方向を向けなくなります。

それにしても、たとえ日付と時刻と太陽の向きがわかっても、実際の計算は大変ややこしく、理科年表とにらめっこしてようやくできるものです。生物は本当に偉大だと思います。

同じように、方角を計算する必要がある生物として、ミツバチがあげられます。ミツバチは、蜜を吸える花が咲いている場所を見つけると、自分の巣に戻りダンスをして他の蜂にその場所の方角を伝えます。地図やコンパスを持たないミツバチは、花の方角を太陽を基準に、東西南北で計算して方角を示すのです。この時に、太陽そのものの方角が、時刻により異なるので、概日周期時計の情報を使って方角を計算していると考えられています。ダンスで方角を教えることもすごいと感心しますが、時刻から方角を計算するというのも素晴らしいですね。

細胞分裂を超えて引き継がれる時刻情報

地球上の生物は、細胞に核を持つ真核生物（動物・植物）と、核を持たない原核生物（大腸菌などの細菌）に分けられます。ここまで哺乳類以外にも鳥や昆虫、そして植物の生物時計を例にあげてきましたが、原核生物には生物時計があるのでしょうか。

原核生物の概日周期研究では、名古屋大学の近藤孝男氏・岩崎秀雄氏（現・早稲田大）のグループが、ランソウ（シアノバクテリア、植物の葉緑体の祖先と考えられている）を用いて、世界の研究をリードしています。

シアノバクテリアの概日周期の研究が画期的だったのは、原核生物であるということに加えて、一日二四時間の間に数回分裂する単細胞生物が、概日周期を持つということを明らかにした点でした。細胞分裂とは、一つの細胞が新しい二つの細胞に分かれて増殖することですから、とても大きな変化を伴う出来事です。その大イベントを超えて、時刻の情報が細胞分裂を経たあとの娘《じょう》細胞にも引き継がれるということは、大きな驚きです。

非常に分裂周期の早いシアノバクテリアが、概日周期を必要とし、その時間の情報を細胞分裂を超えて引き継ぐのは、日中は太陽の光による光合成を、夜間はアミノ酸のもとになる窒素固定などを、効率よく行うためのようです。つまり、分裂が早いので、どんどんタンパク質を作り出さなければいけないわけですが、日中と夜間とでは必要な部品の多くが異なります。そのため、生物時計を参考にして、どの部品を作ると効率が一番良いかを判断するわけです。

もちろん、同時に両方作っても問題はありませんが、無駄ができます。生物は環境にもっとも良く適応したものが勝ち残ることができるので、極力無駄を省いたメカニズムを作り上げてきました。シアノバクテリアでは、研究室レベルの実験でも、外部環境の周期に同調できるものが生き残ることが証明されていて、概日周期の生物学的な意義の証明としても高く評価されています。

生物時計は人間にも必要か

生物時計は野生の生物にとって、大変重要な役割をしています。しかし、その重要性は各生物種によって異なります。ほとんどの動植物は、太陽の恩恵を受けますし、四季のある地域に生息する限り、季節変動の影響も受けます。それを効率よく利用するために、概日周期を持つメリットがあるわけです。しかし、たとえば、日光が届かず真っ暗で、一年中水温も変わらないような深い海に棲んでいる深海魚などでは、概日周期の重要性は低くなります。

このような動植物では、概日周期はあまり発達していません。ただ、ずっと真っ暗で、温度も一定の洞窟に住むケーブフィッシュにもリズムが見つかりました。彼らの場合は、外と洞窟を出入りするコウモリの行動がリズムの元になるそうです。

浅い海の生物では海の満ち引き（潮汐リズム）のほうが明暗周期よりも重要で、それに合わせて行動する生物も多数います。潮は約一二・四時間で満ち引きを繰り返すので約半日ごとですが、二回で二四・八時間なので、徐々に二四時間の周期からずれていきます。彼らには昼か夜かよりも、満潮か干潮かのほうが重要なので、それに合わせた時計を進化させたのです。

では人間はどうでしょうか？　私たちは、普段は、生物時計の存在についてあまり意識しません。これが強く意識されるのは「時差ぼけ」の時です。また、徹夜で夜の間かなり眠かったのに、明け方になって目が冴えてくるのも概日周期の影響です。

概日周期の研究者としては残念なことですが、現代の人間にとって生物時計は重要ではないかもしれません。人間は機械でできた正確な時計を発明し、夜も明かりをつけて活動できるからです。

それどころか、時差ぼけや、リズム障害性の睡眠障害などの病気の原因にもなりますから、むしろ有害に働くことさえあります。虫垂（俗に言う盲腸）も、炎症を起こすことで邪魔者扱いされ、取ってしまっても何の害もないと言われます。それと似ているようです（虫垂の必要性にも異論はありますが……）。

しかし、虫垂と違うのは、生物時計は簡単に取ってしまうことができません。ですから、たとえ邪魔になっても、そのしくみを知ってうまくつきあっていくしかないわけです。多少の睡眠不足の時も、朝、すっきり目が覚めて、元気に活動できるようにしてくれているのも概日周期の作用です。そのしくみをうまく利用すれば、快適な毎日を送れるはずですから、上手に使いこなしたいものです（7章参照）。

2章　脳の中の振り子

生物時計のグリニッジ天文台

生物時計は体の中のどこにあるのでしょうか？　生物の種類によって異なりますが、動物の場合その中心は脳にあります（図2）。

人間を含む哺乳類の場合は、脳の中の視床下部にある、視交叉上核《しこうさじょうかく》（ＳＣＮ＝supra-chiasmatic nucleus）という直径一〜二ミリの小さな場所が概日周期の中枢です。ＳＣＮはその名の通り、左右の目と脳をつなぐ二本の視神経が交わる部分の、ほぼ真上にあります。ここが生物時計にとっては標準時を刻むグリニッジ天文台にあたります。

サルやネズミでは、この小さな部分を電気刺激やエタノールなどの物質を直接注射することで、上手に壊すことができます。ＳＣＮの機能が損なわれても、動物の生存と普段の生活には悪影響がありません。目は見えるので、夜行性の動物は夜活動し、昼行性の動物は明るい時間帯に活動します。ですから、一見すると他の動物と変わりがないように思えます。しかし、動物を温度や光の状態が変化しない場所に入れると、とたんに二四時間リズムを失っ

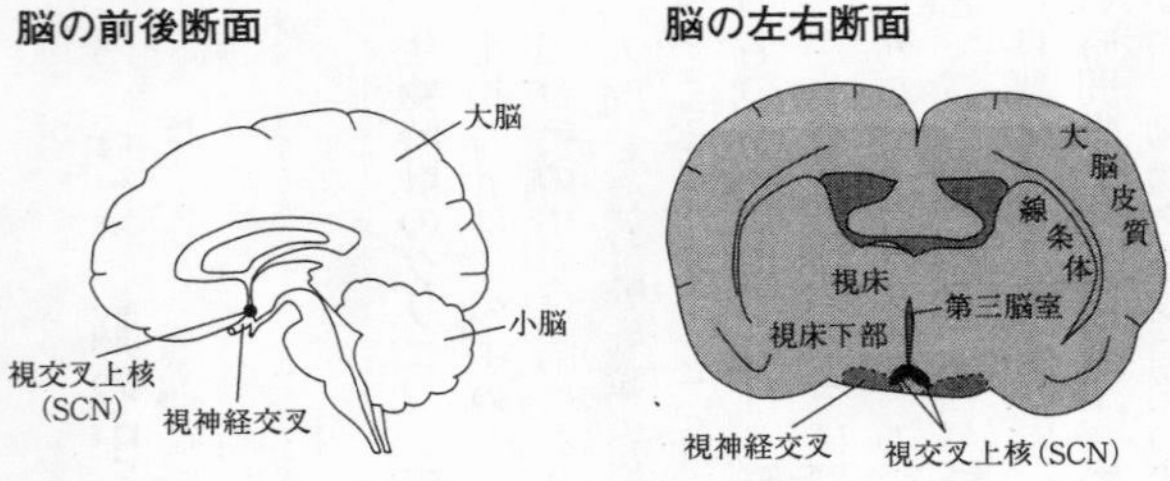

図2　哺乳類の概日周期の中心

て、完全にめちゃくちゃなスケジュールで生活します。

このSCNという場所は、神経細胞が約一万個集まってできています。脳の神経細胞の数は、ヒトの大脳皮質で一四〇億個程度と言われていますから、そのごく一部です。神経細胞というのは、脳の中では一番大切な役割をしている細胞で、さまざまな信号を伝えています。コンピューターで言えば、LSI（大規模集積回路）を作る一個一個のトランジスターやメモリーです。神経細胞は、脳の中のどの部分にもあります。

さて、SCNが概日周期の中枢であることはわかりました。それでは、SCNを構成する約一万個の神経細胞は、一つ一つが時計の部品として機能しているのかという疑問が生まれます。

そこで、SCNから取り出してばらした神経細胞を、小さな電極がたくさん埋め込まれたガラスの板の上で、まばらに培養します。それを長期間観察して、一つの神経細胞の電気活動がどのように変化していくかを調べた結果、この神経細胞は単体で二四時間のリズムを刻んで

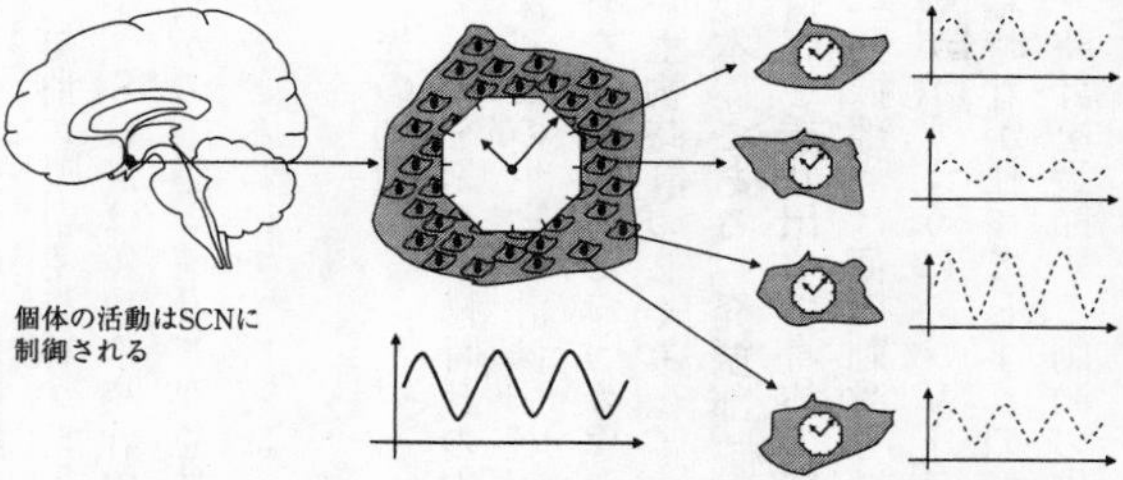
SCN全体が統一した
概日周期を示す
SCNの個々の神経細胞も
概日周期を示す

図３　生物時計の構成

いることがわかりました。

つまり、一個の神経細胞は時計の部品ではなく、それだけで完成した一つの時計だったのです。言い換えれば、一個の細胞の中には、時計のぜんまいや振り子、歯車、針などがすべて揃っていることになります（図3）。

この研究から、ＳＣＮというのは、小さな時計がたくさん集まって大きな時計を形成している場所だと考えられます。たとえるなら、小さな目覚まし時計一つでは小さな音しか出ませんが、それが一万個も集まって全身に聞こえるとても大きな音を出しているということです。

しかし、この小さな時計の一個一個が少しずつ狂って別々の時間を指していたら、統一が取れず、大きな音も聞こえません。そこで、お互いが上手に同調するしくみも備わっています。普段は全部の神経細胞が同じ時刻を指していますが、実験的に、夜の時間帯に光を当ててリズムを少しずらしてやります。そうすると、ＳＣＮの中でも目の網膜からの情報を受け取る場所の時計だけが、まず新しいリズムに修正され、残りの時計は遅れてこの新しい時刻のほうに同調するようになります。

細胞の時計も機械の時計と同じように、急に狂ったり、壊れたりすることがあるはずですが、SCNは多数の時計の集合でできていて、それらが同調していることから、たとえ、何個かの細胞（時計）が急に不調になっても、残りの大多数で、正しい時間を示し続けることができるわけです。実にうまくできたしくみです。

光の刺激

一日を刻む生物時計の中心は、人間などの哺乳類では脳の中の奥深い場所にあります。では、この生物時計は、どうやって外部の時刻と合わせるのでしょうか？　また、どうやって針を読むのでしょうか？

生物時計のしくみは、三つの要素に分けて考えるとわかりやすいでしょう（図4）。時計の本体である「発振部」と、その動きを調節（リセット）する「入力系」、そして何らかの情報を送り出して身体の機能を調節する「出力系」です。

「発振部」は何の刺激もない状態で約二四時間のリズムを刻みますが、先ほどのマウスの実験が示すように、フリーラン周期にはばらつきが見られます。当然、ほうっておくとどんどん時計が狂ってしまうので、毎日調整しないといけません。

時計を調節する刺激の中でもっとも強力なのは光です。毎朝の光が、少しずれた時計をリセットしています。

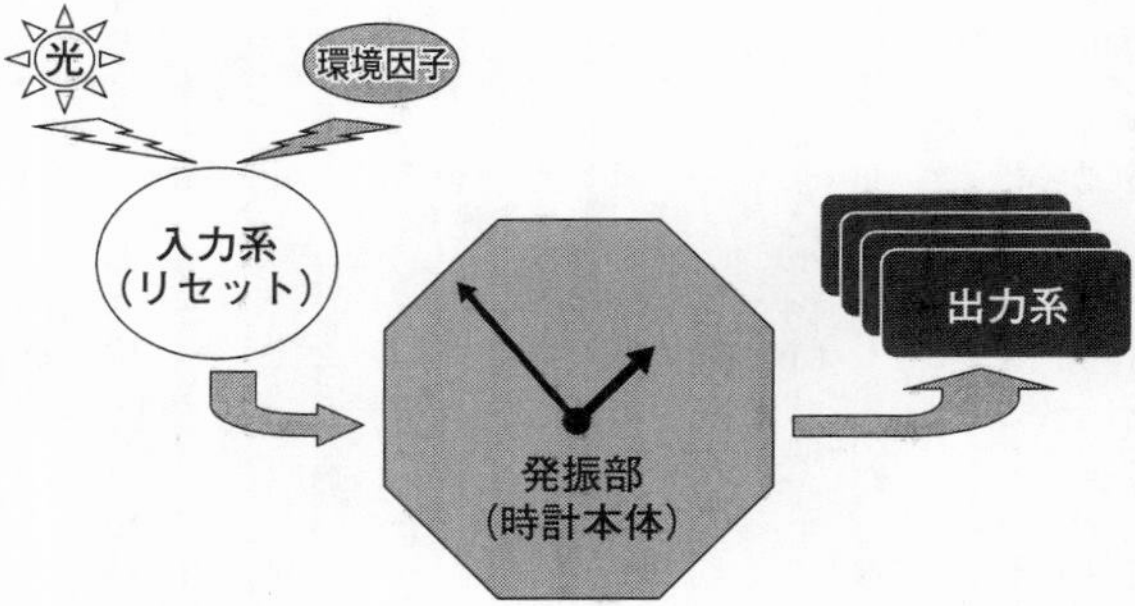

図４　生物時計の３要素

光の刺激は目から入ります。薄暗い光ではその効果が弱く、ある程度強い光でないといけません。実際、病気や生まれつきの理由で視覚を持たない人は、この光による生物時計のリセットがうまくできないので外部の時間とずれやすく、睡眠などに障害をきたすことが多いことが知られています。

目から入る光以外にも、気温や騒音などの外的な環境、起きて体を動かす運動、睡眠薬などの薬・化学物質、メラトニンなどのホルモンなど、さまざまなものが生物時計に影響します。

これらをまとめて、生物時計への入力系と考えますが、やはりもっとも強いのは光です。光のシグナルが入る視神経のすぐそばに生物時計の中枢ＳＣＮがあるのは、非常に効率が良いわけです。

光は時計を進めるか、遅らせるか

光は生物時計をリセットしますが、それは時計の針を進めるのでしょうか？　それとも遅らせるのでしょうか？　答えは両方できます。

生物時計を扱う分野では、時計の時刻のことを「位相（＝フェーズ）」と呼びますが、明け方から午前中の時間帯に光が当たると、生物時計の位相を前進させる効果があります。生物時計を進めるというのは、外部の時計を遅らせるのと同じことです。

たとえば、生物時計と外部の時計がぴったり合っていて、外部＝朝七時、生物時計＝朝七時だとします。ここで、強い光に一〇分当たって生物時計の位相が一時間進むとすると、外部＝朝七時一〇分、生物時計＝朝八時一〇分となり、たった一〇分間で体にとっては一時間一〇分も経過したような状態になります。

ところが、夕方から夜の早い時間帯には、光は逆に時計を遅らせます。午前中に一時間、生物時計のほうが進んでいるので、外部＝夕方五時、生物時計＝夕方六時だとしましょう。ここで、一時間光に当たると一時間時計が遅れるとすると、外部＝夕方六時、生物時計＝夕方六時になります。

このように生物時計は、午前中は早く進み、午後から夕方は遅く進みます（図5）。一日のうちで進むスピードが変わるところが、普通の時計と大きく違う点です。

なお科学的な話ではありませんが、これは、一日の時間の進み方について、私たちの実感ともよく符合します。朝の九時に会社に着いて、調子よく仕事をこなしたら、知らないうちに三時間が過ぎて昼になっています。ところが、夕方も四時を過ぎて、早く帰りたいなと思い始めたあとの六時までの二時間は、非常に長く感じるものです。もちろんこのような時間

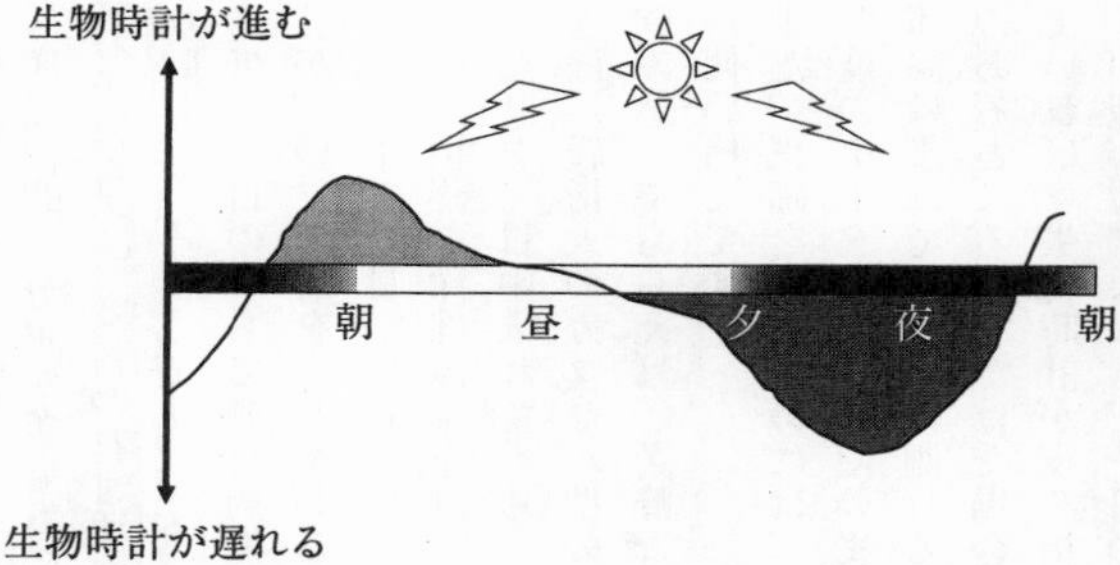

図5　生物時計の光によるリセット

感覚は、環境や気分の影響が大きいでしょうが……。

いま何時？

つづいて概日周期の出力系の話に移ります。これは脳の中の時計が体に与える影響ですから、私たちの体で何が二四時間周期で変化しているか考えてみます。

生物時計により支配されているものの筆頭は、後述する睡眠です。それから体温があります。一般的には体温は深夜に最低になり、お昼頃に最高になります。体温はたとえ夜眠らなくても、あるいは真っ暗な部屋にずっといても、二四時間の周期で変化しますので、生物時計に支配されていることがわかります。

このほかいくつかのホルモンもその量が二四時間周期で変化します。有名なものは、コルチゾール（副腎皮質ステロイドホルモン）とメラトニンです。コルチゾールは起床前に分泌が高まり、日中は多く、夜間は少なくなります。メラトニンは逆に夜間の分泌が多いものです。また、成長ホルモンも夜間に分泌されます。昔から「寝る子は育つ」と言われますが、これは睡眠中に成長ホルモンがたくさん出るという事実を反映しているようです。

さて、一日のうちで概日周期に従って変化するこれらのものを計測すれば、その人の生物時計が、いま何時を指しているかがだいたいわかります。

一番簡単なのは、一日の間に何回か体温を測ってそのパターンを知ることです。研究の目的では、正確な深部体温を測る必要があり、直腸温の計測が必要でした。そのため従来は直腸体温計を一日中入れてもらってデータを取っていたのですが、これは結構な苦痛でした。最近は、親指大のカプセル型のワイアレス体温計という便利なものが開発されたので、これを飲み込んでもらえば、苦痛なく一日近く、深部体温を連続的に測ることができます。もちろん使い捨てです。

また、正確を期すためには、体温だけではなく、メラトニンやコルチゾールなどの血液中の濃度のデータも同時に使います。

体温は誰にでも簡単に測れるので、是非、試してみてください。たとえば、海外旅行で時差のあるところにでかけた場合、時差ぼけで変な時間に眠くなりますが、この時体温が下がっていれば、生物時計が夜を指しているために眠くなっていることがわかります。また、夜型・朝型が極端な人も、一日の体温変化を測ってみると良いでしょう。

化粧のタイミングと時間治療

体温やホルモンは生物時計の制御を受けているわけですが、実は微妙な変化も含めてきちんと調べると、私たちの体のほとんどの出来事が一日の中でリズムを作っています。たとえば、夜間には皮膚細胞の分裂が盛んになります。それに目を付けた化粧品会社が、日中と夜間に異なる化粧品を使うことを勧め出しました。

また、体温だけでなく、血圧・脈拍なども日内変動しますし、交感神経・副交感神経の機能も、日内で変動します。その他にも、日内変動しているものがたくさんあります。気分にも日内変動があることは有名で、うつ病という病気では、午前中に調子の悪いことが多くなります。心筋梗塞や喘息《ぜんそく》などのさまざまな病気が起きるタイミングも、一日の中で変動します。分娩や女性の月経は夜間に始まることが多く、交通事故は昼食後の午後の早い時間に多いことなど、調べるとほとんどの出来事に、一日の間での変化が何かしら見つかります。

このようなことがわかってきたため、病気の薬を飲むタイミングも、変動に合わせたほうが良いだろうと考えられていて、一日のリズムを飲み方の工夫に応用することも始まっています。これを、時間治療（クロノセラピー）と呼びます。なお、基礎的な研究は、時間生物学（クロノバイオロジー）と呼ばれています。

従来は、個人差をあまり考慮せず、画一的な治療の行われることが多かったのですが、性別による差（性差医療と呼びます）や、年齢による差、体重による差、他の病気との関係などなど、さまざまな要素を考慮に入れて、個々の患者に合わせた治療の重要性が指摘されています。一日の中の時間帯による差を念頭に置く時間治療も、今後、より注目されるでしょう。

二五時間説の誤解と真実

どこかで耳にしたことがあるかもしれませんが、従来、人間の生物時計は約二五時間の周期だと言われてきました。これは、洞窟などに人間を閉じこめて、勝手気ままに生活させると、平均して約二五時間周期で生活したという研究に基づいています。

しかしよく調べてみると、この研究の条件は、マウスなどの動物実験で使われる条件とはまったく異なるものでした。

まず、マウスは夜行性で、人間は昼行性です。そして、もっとも重要な違いは、人間の場合、自分の意志で明かりをつけることが許されていたことです。このような条件をアドリブ条件と言います。アドリブ条件下では、自分でつけた電灯の光によって、生物時計が影響を受けてしまいます。そのため、まったく光などの刺激がない条件下でのフリーラン周期とは、異なる結果になります。

そこで、完全に外部からの刺激のない条件下での人間の概日周期を、アメリカのチャールズ・ツァイスラーのグループが測定しました。

一九九九年に彼らがサイエンス誌に発表した論文によれば、完全に外部の影響をのぞいた環境下では、年齢によらず概日周期はほぼ二四時間に近い値で、個人差も三〇分以内とされています。これは、それまでの概日周期が二五時間であるという常識を変えるものでした。

ただし、上述のように、アドリブ条件下では二五時間に近いのも事実なので、二五時間という説も間違いとは言い切れません。なお、好き勝手に電気をつけたり消したりしながら生活をすると二五時間になるのは、光が一日あたりで合計すると、生物時計をやや遅らせるということを示します。

ツァイスラーのグループは、ブリガム・ウィミンズ病院の一フロアーの五部屋を改造して研究に使用していますが、その管理は非常に厳密です。まず、外部からほんのちょっとでも音や光が漏れないように、完全に二重の壁になっていて、入り口には前室があり、研究中は外部と遮断されます。研究の対象となる被験者は、リアルタイムの情報に接することや、外部との電話・メールなどを禁じられ、娯楽としては本やビデオによる映画などだけが許可されます。

食事は、外のスタッフが運びますが、五部屋に対してスタッフの総数は五〇人もいます。被験者にご飯を運んだり、話をしたりするスタッフがいつも同じ時間に来ると、被験者に時刻を「悟られてしまう」ので、勤務のローテーションはわざと不規則にしてあります。

被験者は全米からボランティアを募りますが、最長の実験では、六週間も世間から隔絶された場所で過ごすため、ボランティアと言っても、かなり高額の謝礼が支払われます。六週間の場合、一〇〇万円を超える額です。

ツァイスラー研究室で研究していた谷川武氏（現・順天堂大学）によれば、彼らの研究でもっとも大変なのが、この被験者の募集だそうです。短くても二〜三週間、特殊な環境で、心と体の健康を保てる人でないと実験台になれないため、応募してくる人たちの一〜二％しか実際の研究の被験者とはなれません。そのため、この研究室では、被験者のボランティアを募集し、面接して決定するためだけの専任のスタッフを常に四人も雇って、一年中、新聞・ラジオ・テレビに広告をうって被験者の募集を行っています。被験者の対応をするスタッフの数といい、このボランティア応募のコストといい、莫大なお金のかかる研究です。

概日周期は老化する？

老人になると早起きする人が多くなることから、老化とともに生物時計の概日周期の長さは短くなると考える人もいました。しかし、これに対しても、ツァイスラーらは一九九九年の論文で否定的な結果を発表しています。彼らは、健常者の若者（平均年齢二三・七歳）と高齢者（平均年齢六七・四歳）の概日周期は、体温の変動や、メラトニンというホルモンの血液中の濃度を指標に計測すると、ともに二四時間一〇分で、二四時間にかなり近かったとしています。

加齢とともに早起きになるのは、概日周期が短くなるからではなく、睡眠の質が大きく変わるからです。人間の場合、年を取るとともに深い睡眠が減少し、明け方は特に浅い睡眠ばかりになるため、朝は早く目が覚めます。

ただし、人間を使った研究は労力とお金がかかり、対象が限られています。この研究でも、若者が一一人ですべて男性、高齢者は男性九人、女性四人と、実験研究としては非常に少ない数です。そのため年齢による変化を見落としている可能性はありますが、現在では加齢は概日周期に関係しないと考えられています。動物実験も同じ結果でした。

話はわき道にそれますが、ツァイスラー研究室の研究費用の一部は、NASA（アメリカ航空宇宙局）が支えています。研究室にはジョン・グレン宇宙飛行士の大きな写真が飾られています。グレンは一九六二年に、アメリカ人宇宙飛行士として初めて地球軌道を周回した人です。この功績もあって、アメリカでは英雄として大変に人気があり、民主党の上院議員としても活動しました。その彼が、スペース・シャトルに是非搭乗したいと希望して、一九九八年、七七歳という最高齢の宇宙飛行士としてSTS－95というミッションに参加しました。そのときの大義名分の一つが、宇宙飛行と年齢（加齢）の関係の研究で、グレンは自らがその研究材料になったのです。

この研究に協力したのがツァイスラーでした。このミッションでは、同乗した向井千秋氏が医師であったため、グレン飛行士や向井氏自身などを実験台として、宇宙での睡眠は人体にどのように影響を与えるのかなど、宇宙医学分野の実験を行いました。

軍隊が生物時計に興味をもつ理由

寄り道ついでにもう一つ脱線すると、アメリカでは、生物時計のしくみなどを調べる「時間生物学」や「睡眠医学」の研究には、NASAだけでなく国防総省が大きな投資をしています。戦争になれば軍隊は時差のある国に多数の軍人を送って、作戦を遂行しなければなりません。どのようなやり方が時差ぼけに効果的かということや、どの程度の睡眠不足ならミスをしないで任務につけるのかなどの研究に、大きな興味を持っているのです。

たとえば、湾岸戦争の時には、砂漠の嵐作戦（オペレーション・デザート・ストーム）という作戦が行われましたが、米軍はいくつかの失敗を犯しました。その中で、もっとも被害が甚大だったのは、ミサイルを間違って味方の輸送機に向かって発射して、何人ものアメリカ人の命を奪ってしまったものです。この失敗について、睡眠の専門家が、誤射をしてしまった軍人の、ミスをする前の数日間の作戦従事時間と睡眠時間などを分析しました。そして、このミスが起こったのは、非常に眠くなりミスをしやすい時間帯であったことなどが、学会で発表されています。

また、別の軍関係の医師は、軍人からボランティアを募り、平均睡眠時間四時間という極端に短い睡眠時間を一週間程度強制されるという環境に彼らを置きました。そして、そのような条件下で、どのように睡眠をとれば、翌日の失敗の確率を上げることなく、もっとも効率良く休むことができるかという研究をしています。動機は少し血生臭すぎますが、この分野の研究はこんなところでも真剣に議論されているのです。

なぜ目覚まし時計が鳴る直前に目が覚めるのか

ツァイスラーの同じ論文では、被験者の概日周期の最短は二三時間五三分、最長は、二四時間二八分で、三〇分強の個人差によるばらつきがあるという結果でした。しかし、二四時間二分から一七分までの一五分間に、全体の八割近くの人が集まっているので、個人差によるばらつきはかなり小さいようです。このばらつきの小ささが、被験者の数が少ないとはいえ、彼らの論文が評価を受けている理由にもなっています。しかし一五分程度の個人差であっても、実は、これが日常生活の中ではかなり増幅されて、生活パターンなどには大きな影響を与えているという研究もあります。

では、この生物時計はどの程度の時間差を識別できるのでしょうか。この点にヒントを与えてくれる、面白い研究があります。大切な用事があるからと目覚まし時計をセットしておいたら、ベルが鳴る数分前にぱっと目が覚めたことはないでしょうか。このような経験を実験的に調べた研究です。

朝八時頃に起きるように指示された時と、いつもより二時間早く朝六時に起きるように指示された時で、血液中のコルチゾール（副腎皮質ステロイドホルモン）の値を、前日の夜から、継続的に測定します。このホルモンは、普通、起床時間の一時間ほど前から、血液中の値が増えるものです。つまり、起床する用意を夜の間から始めるホルモンです。

すると、いつもより早い六時に起きるように指示された時は、六時に合わせて、このホルモンの値が増え始めるのです（図6）。前の晩に、いつもよりも早く眠ったわけでもないですし、夜中に緊張して目を覚ましたわけでもありません。このホルモンが増えることと、睡

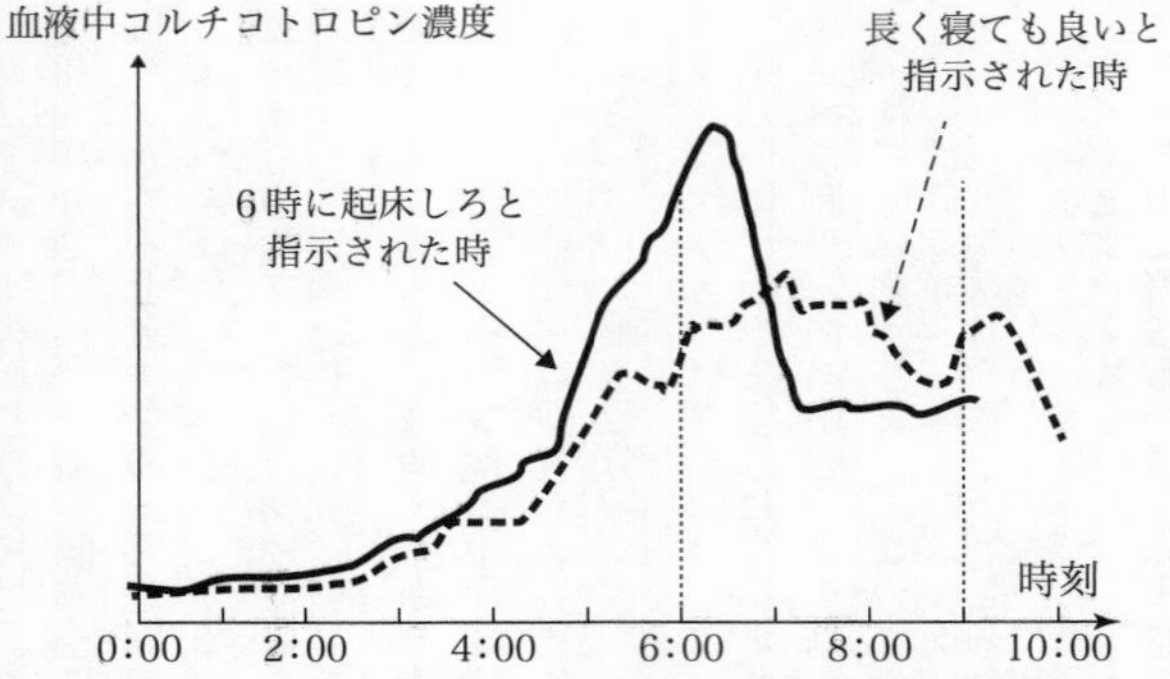

図6　睡眠も意志の力で変化する。Born *et al*. *Nature* 397, 29 (1999)

眠が浅くなることの関係は不明ですから、目覚まし時計が鳴る直前に目が覚めるという現象の直接の証明にはなりません。しかし、「明日、早く起きたい」、あるいは「起きなくてはいけない」という「意志」が、眠っている間にも働いていて、眠っているはずの脳が生物時計を使って、今何時なのかを推測して、起きるための準備を始めていることは確かなのです。

この研究から考えて、生物時計は、「今だいたい朝だ」というような大雑把なものではなく、少なくとも一〇分から一五分程度の差は、十分感じることのできる時計だということがわかります。つまり、短針だけでなく長針もある時計です。人によっては、目覚まし時計が鳴る一分くらい前にいつも起きることができる、と豪語する人もいますから、そんな人の生物時計には、秒針もあるのかもしれません。

さらに、この研究で興味深いのは、「意志」がホルモンの分泌という内分泌系を、睡眠中にコントロールすることができるらしいということです。意志によって左右することができる機能を動物機能、意志によって通常は直接的に制御することができない機能を植物機能という言葉で呼ぶことがありますが、ホルモンの内分泌作用は一般に植物機能に分類されます。また血圧・体温・消化吸収などを司《つかさど》る神経のことを自律神経と言いますが、この自律神経機能も、普通、意志では制御できません。それを意志の力で、それも睡眠中に制御するというのは、とても不思議なことです。広島大学のグループは昼寝の時も同じことがおきることを示しました。昼寝をとる前に、二〇分で必ず起きると決めて眠ると、睡眠が深くなりすぎないそうです。

では、この生物時計はどのようなしくみでできているのでしょうか。次の章では、研究者の目から生物時計を見ていきましょう。

3章　生物時計の部品の発見

概日周期は遺伝子が規定している

地球の自転によって、地上には昼と夜が交互に現れ、それに伴い、昼に活動する動物や、夜に活動する動物がいます。1章で説明したように、これは環境の変化を見て行動を決めているためだけではありません。真っ暗で、ほとんど温度も変わらないようなところにいても、だいたい二四時間の周期で生活できるような、時間を測るしくみを生物は持っています。

このような自律的な概日周期が最初に記載されたのは、一八世紀のことです。ド・メランという人が、ミモザ（オジギ草）の葉の日周運動が、日の光のない条件でも同じように二四時間周期で続くことを発見しました。その後、実験室内での研究に適したアカパンカビで、研究が進みました。

動物の世界でも、さまざまな動物の行動観察が行われましたが、遺伝学に使われる実験動物としては、キイロショウジョウバエで研究が最初に進みます。一九七一年には、カリフォルニア工科大学のS・ベンザーとR・J・コノプカが、概日周期に遺伝的な異常を持つハエの発見を報告しました。

正常なショウジョウバエは、真っ暗にして温度も一定にした箱の中でも、ほぼ二四時間周期のリズムで活動を続けます。ハエは昼行性の動物ですから、真っ暗な中でも、自分が昼だと思う時間に活動が活発になるのです。ところが、まったく周期がなくなったり、二四時間よりずっと長い時間や逆に短い時間で周期的な活動をする、時間「感覚」が異常になったハエが発見されたのです。

この異常は遺伝し、両親ともが異常なハエの子孫は、すべて同じような異常を示しました。このような遺伝子の異常のことを「変異」と呼びます。

実は、この発見は別の面でも画期的でした。それまでも動物の行動がある程度遺伝子の影響で決まることは予想されていましたが、概日周期という一つの本能行動が、遺伝子ではっきり規定されていることが示されたからです。さらに、概日周期は、本能行動といってもさまざまな要素があり、たくさんの遺伝子が関与しています。それが、たった一つの遺伝子の変異で、周期が変わるような、目に見える行動が変化をするということも、驚きをもって受け入れられました。

遺伝子・ゲノム・DNA

ここで少し立ちどまって、遺伝子、ゲノム、DNAなどの用語を整理しておきましょう。

すべての生物は、その生物固有の遺伝情報を、**DNA**（デオキシリボ核酸）という共通の物質に記録しています。遺伝情報というのは、親から子へ引き継がれる情報です。たとえば、白人同士の子供は必ず白人になりますので、肌の色は遺伝情報です。

DNAは、ATGCという四つの要素（塩基）が一列につながってできているので、あたかも四種類の文字で書かれた文章のようなものです。このDNAは、単なる設計図なので、DNAの情報をいくら持っていても生物は生きていけません。生物として、遺伝情報を実際に使う時には、このDNAの設計図を、まず**mRNA**（メッセンジャーRNA）という、DNAによく似ているけれども異なる物質にコピーします。

mRNAは、ATGCの代わりに、AUGCの四文字を使います。これらの文字は、一対一に対応するので、DNAとmRNAは、同じ長さになるはずです。ところが不思議なことに、DNAの上には、このコピーをするときに不要になって切り捨てられてしまう部分（イントロン）があります（切り捨てる作業はスプライシングと呼ばれ、必要な部分はエキソンといいます）。ですから、実際には、コピーしたmRNAは元のDNAより短くなります。新聞記事をコピーする時に、その記事の周りも含めて適当にコピーした後に、必要な記事以外を切って捨てるのとよく似ています。他の記事が必要になることもあるので、元の新聞であるDNAはそのままとっておく必要がありますが、コピーなら、不要なところは捨てても良いのです。

また、元になるDNAには、コピーの対象にすらならず、まったく使われていないと考え

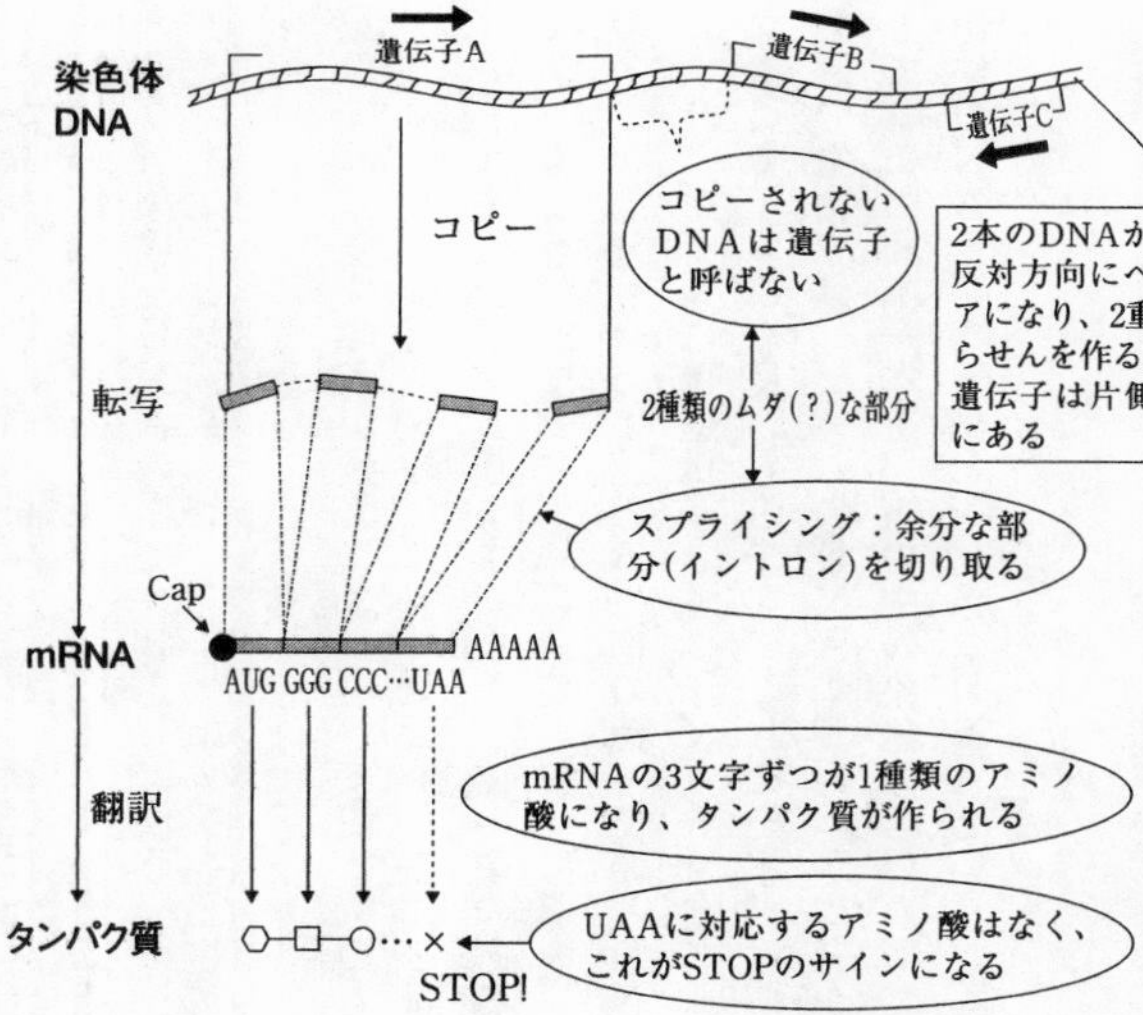

図7　遺伝子からタンパク質ができるまで

られる部分がかなりたくさんあります。これも新聞にたとえれば、余白の何も印刷されていない部分や宣伝の部分にあたり、実際にコピーして使うことはないのとよく似ています。**遺伝子**という言葉は、DNAの中でコピーして使う一つ一つの記事にあたるものです。使わない部分は、遺伝子とは呼びません。哺乳類の場合、使わない部分が実に七割以上にのぼります。

新聞の記事には、多くの人が頻繁にコピーして使うものもあれば、ごく稀《まれ》に特殊な関心を持つ人だけが読むような記事もあります。遺伝子もこれと同じで、よくコピーされる遺伝子と時々コピーされる遺伝子があります。また、体の中のある部分でだけ使われて、他の部分では使われない遺伝子もあります。

これらの余分な部分も含めて、ある生物の持っているDNAを全部合わせたものが、**ゲノム**です。つまり、ゲノムには遺伝子と遺伝子でない部分の両方があるわけです。DNAはひものような物質で、すごく長いものです。これを一本だけ持っている生物もいますが、人間などの核を持つ生物では、ゲノムのDNAが、何本かに分かれています。特殊な条件で染色をすることで、この一本一本を、核の中の染色体という形で目で見ることもできます。そのため、染色体DNAという言葉と、ゲノムDNAという言葉は、多くの場合ほとんど同じ意味で用いられます。

mRNAからタンパク質へ

mRNAにコピーした設計図に基づいて、今度は、DNAともmRNAとも化学的に異なる物質（アミノ酸）を材料に、タンパク質が作り出されます。

生物の体の中には、タンパク質以外にも、炭水化物や脂肪、ビタミンなど、さまざまな物質がありますが、それらはすべて、このタンパク質の作用によって作り出されています。DNAという生物の設計図から直接作られるのは、タンパク質だけです。

タンパク質を構成するアミノ酸は二〇種類存在し、ひとつのアミノ酸はmRNAの四要素（AUGC）が三つずつ結びついてできています。

タンパク質は、短いものでは、数個から数十個、長いものでは、数万個のアミノ酸が一列に並んで作られます。ひとつのタンパク質には最低でも「構成するアミノ酸の数×3」個の文字を持つmRNAが必要です。「最低でも」と書いたのは、mRNAには前後にのりしろのようなものがつくからです（mRNAにはそれ以外に、先頭にCap、最後尾に数十〜数百個のAという、mRNAであることを示すタグのようなものもつきます）。設計図であるもとのDNAには、これに不必要な部分（イントロン）も加わるのでより長いものとなります。

こうして、一種類のタンパク質を作り出すゲノム上のある領域のことを、遺伝子といいます。ちなみに、ごく大雑把にいえば、哺乳類の遺伝子は約二万個で、イントロンも合わせた全遺伝子の合計の長さは、哺乳類の約三〇億文字分のゲノムの二五％程度とされています。つまり、七割以上がタンパク質を作る遺伝子ではないことになります。このなかにも、機能がある部分もあることがわかってきていますが、多くはなくても大丈夫な部分です。

遺伝子という言葉が生まれた時には、まだDNAは発見されていませんでしたから、遺伝子とは、元来は遺伝する情報の一つ一つの機能的な単位のことでした。しかし、現在の分子生物学では、ほとんどの場合、遺伝子という言葉は、DNAの一つの単位で、一種類のタンパク質を作り出す領域と同じ意味で用いられます。

遺伝子はDNA上にありますが、実際に機能するのはタンパク質で、その両方を同じ名前で呼ぶことも多く、あえて区別しないことがよくあります。たとえば、ある遺伝子の異常は、必ずそのタンパク質の異常につながるので、あえて特定する必要がないのです。本書の中でも、遺伝子の名前がいつのまにかタンパク質のことを表していることもありますが、厳密には区別していません。

なお、DNAの遺伝情報を、mRNAに写すことを**転写**、mRNAの情報をタンパク質にすることを**翻訳**、DNAそのものをDNAにコピーすることを**複製**といいます。

遺伝子が似ている

遺伝子のDNAも、タンパク質を構成するアミノ酸も、文字の配列で表されます。そこで、二つの遺伝子やタンパク質を並べて、両者がどのくらい似ているか（ホモロジー）を比較できます。

ただし、「文字の配列が何％一致すれば似ているとする」という明確な基準はありません。また、遺伝子が似ていることと、そのタンパク質が似ていることとは、必ずしも対応しません。遺伝子の配列がたった一文字違うだけで、まったく異なるタンパク質が作り出されることもあります。二つの遺伝子やタンパク質が似ているかどうかは、その機能などを含めて総合的に判断されます。

哺乳類の遺伝子は二万個以上あるので、そこから作られるタンパク質も二万種類以上になります。それらのタンパク質の中で、ほとんど同じ機能を持っていて、アミノ酸の配列としてもDNAの配列としてもホモロジーが高いときに、この二つの遺伝子を兄弟と考えて、同じ機能を持った遺伝子が複数あるという表現を使います。

なぜ、同じ機能を持った遺伝子が複数あるかといえば、一つの遺伝子が不調になったときに、別のもので代替できるというメリットがあるからでしょう。ただ、似てはいても完全に同じではないので、単なる予備ではなく、微妙な違いを使って複雑なシステムを作っていると考えられます。

ハエとマウスなど異なる生物種の遺伝子同士も、使われている文字の種類自体は同じなので、比較することが可能です。

ちなみに、長いゲノムDNAの中から、ある一つの遺伝子を取り出すことを**クローニング**と言います。目的の遺伝子をクローニングして、大量にコピーを増やした段階で、特殊な方法を使ってこの遺伝子の文字配列を読んでいきます（塩基配列決定）。クローニングから塩基配列を決定することは、分子生物学のもっとも重要かつ基本的な技術です。

遺伝子に書かれている機能と書かれていない機能

動物のある行動や何らかの機能には、遺伝子によって規定されるものと、環境などにより生まれた後に規定されるものがあります。

ニホンザルの群れの観察研究で、ある日突然一匹のサルが、蜂蜜をなめるのに竹ひごを上手に使いました。これが、偶然だったのか、才能があったのかはわかりません。しかし、それまでも同じ場所に竹ひごはありましたが、長い間の観察でも、そのように竹ひごを使ったサルは初めてでした。このサルを見ていた別のサルも、上手に真似をしました。これを文字通り「サル真似」というのでしょうが、その後、群れ全体がこの方法を習得しました。

竹ひごの使用方法がこのようにいったん共有されると、最初に発見したサルが死んだあとも、この群れは親から子にわたって何代もこの方法を使い続けるでしょう。まるでこの方法が遺伝しているように見えます。しかし、竹ひごの使い方を覚えているサルをすべて別の場所に移動させて、覚えていないサルだけにしたら、しばらくの間は、きっとまた誰も道具を使わない不便な暮らしに戻ってしまうでしょう。生まれたあとに学習した行動は、遺伝子には書かれていないからです。

このように、行動には遺伝子に書かれていないことも多いので、概日周期についても、どこまでが遺伝で、どこまでが外部からの影響や学習を必要とするのか不明でした。しかし、一つの遺伝子が変異することで概日周期がなくなってしまうという、ベンザーとコノプカが発見した事実によって、これが遺伝子による内在性のものであることが明らかになりました。

さらに、概日周期が二四時間であることと、外部環境の二四時間周期の変化が無関係であることも示されました。つまり、生物時計は生まれたときから一周二四時間の時計であって、その周期は後天的に学習したものではないということです。

これまで紹介したように、普通の条件で飼育していた動物を、真っ暗で温度が一定の部屋に移しても二四時間の活動リズムを示します。うがった見方をすると、これはこの動物が生まれた後に二四時間周期の生活をしたことで学習したものかもしれません。そこで、この動物が生まれる前から、その親をずっと一定の環境におく実験をしてみたところ、やはり生まれた子は二四時間のリズムを持っていたのでした。

しかし、疑い深い科学者はまだ満足しません。もしかしたら、祖父母にあたる代のものが学習した効果が、何かを介して持続しているのかもしれないと考えます。そこで、まったく時刻の情報がない環境で、何世代も飼育を続けるという実験をした人たちがいます。

彼らは、実に、四〇〇世代以上の間、明るさや温度が一定の条件で飼育しても、やはり生物時計は二四時間周期だったと発表しています。この実験もショウジョウバエを使って行われたのですが、ショウジョウバエの一世代は通常約一〇日、長いと三週間程度で世代交代します。ですから、この研究を行うには、どんなにがんばっても一〇年以上の年月が必要になります。この「気のながーい研究」をしたのはどこの人かというと、ながーい伝統を持つ国、インドの研究者たちでした。

部品は見つかったが

さて、概日周期が異常を示すショウジョウバエの「遺伝子の変異」をコノプカは、「ピリオド」と命名しました。英語で「周期」という意味です。ただ、変異が見つかったというのは、病気を発見したことと同じで、その病気の原因を解明することとは異なります。コノプカは遺伝的な病気にあたる変異を報告して名前をつけましたが、原因の遺伝子までは特定できなかったのです。

このピリオドを、実際に遺伝子としてクローニングできたのは、その後一三年たった一九八四年のことでした。ロックフェラー大学のマイケル・ヤングとブランダイス大学のマイケル・ロスバッシュ、二人のマイケルの独立した仕事です。この二人のマイケルと、ブランダイス大学でロスバッシュとともにピリオドの機能を研究したジェフ・ホールの三人は、二〇一七年に「概日周期を制御する分子機構の解明」の業績でノーベル医学生理学賞を受賞しました。しかし、「解明」に至るまでには、もうすこし長い道のりがあったのです。

ピリオド遺伝子は、クローニングされてその塩基配列がわかったあとも、その機能が解明できませんでした。

遺伝子はＡＴＧＣという四文字でＤＮＡに書かれていて、その配列がわかると、その遺伝子が作り出すタンパク質のアミノ酸配列まではわかります。しかし、そのタンパク質の持つ生物学的な機能がわからなかったのです。ＤＮＡやタンパク質の文字の順番、つまり綴りはわかっても、その単語の意味がわからないということです。

簡単な例にたとえれば、私たちがレストランでフランス語で書かれているメニューを読んだ時に、アルファベットはわかるし、なんとなく読み方（発音）もわかるけれど、どんな料理なのか想像もつかない、というのに似ています。もちろん、レストランのメニューに出ているので、何らかの「料理」であることは間違いありません。同じように、ピリオドは概日周期が狂ってしまう原因の遺伝子だから、生物時計の部品のひとつであることは確かなことです。しかし、それがどんな働きをしている部品なのか、見当もつかなかったのです。

ピリオドに続いて、同じく生物時計に関係するタイムレスという遺伝子も発見されましたが、これも、生物時計の単なる部品以上の意味がわかるまでには時間がかかりました。

遺伝学の手法

ここで遺伝学の手法について簡単に説明しておきます。

遺伝学はもともと、何らかの生物現象があって、それが親から子へどのように遺伝するか、ということを調べてきた学問です。もっとも初期の遺伝学の業績は、生物の教科書に必ず出てくるメンデルの法則です。

メンデルは、親の世代の性質がどのような形で子孫に伝えられるかを調べて、遺伝する性質に優性と劣性があること（第一法則）、それが孫の世代で分離すること（第二法則）を発見しました。たとえば、マウスでは、黒いマウスと白いマウスから生まれた子はすべて黒くなりますが、孫の世代では黒対白が三対一の割合で生まれます。灰色になることはありません。ただし、これは一つの遺伝子で決まる遺伝的な性質についてだけで、複数の遺伝子の影響で決まる性質の場合、中間的な性質を持つ子が生まれます。

その後、この遺伝を司る「遺伝子」が、DNAの文字として、ゲノムDNA、つまり染色体に書かれていることがわかりました。医学への応用も始まり、遺伝病の原因遺伝子を探す研究が盛んに行われています。

この時に、よく使われてきた手法が、染色体上の場所を頼りに原因の遺伝子を見つけ出す方法（ポジショナル・クローニング）です。

先ほど述べたように、ゲノムDNAは、非常に長いものです。たとえば哺乳類の場合は、DNAのATGCという四文字が、全部で三〇億文字分くらい延々と書き連ねられています。これが二三対の染色体に分かれてはいますが、二〇分の一でも一億文字以上の長さがあります。この中から、ある病気の遺伝子を探し出すためには、単純に考えれば、病気の人と、病気でない人の両方の染色体を、全体にわたって調べて、その違いを見つけ出せばよさそうです。ところが、これには二つばかり問題があります。

第一に、とにかくゲノムは長いので、大規模DNA解析が可能な現在も、全ゲノムを正確に解析することは容易ではありません。第二に、たとえ全部調べたとしても、二人の人間のものを比べた場合、差がたくさんありすぎて、どれが病気と本当に関係があるのかがさっぱりわかりません。

そこで、とりあえず染色体の中のいくつかの部分について「マーカー」を調べます。「マーカー」というのは、ある染色体の場所や遺伝子について、各個体が何種類かのグループに分けられるような目印です。たとえば血液型がマーカーになります。血液型のほかにも、現在では、さまざまな種類のものが知られています。

では、マーカーをどう使うのでしょうか。

ある遺伝性の病気の人一〇〇人と、病気ではない人一〇〇人について、まず血液型を調べてみます。病気のグループも病気でないグループも、ともにA、B、AB、Oの割合が四対二対一対三くらいの割合だったとすると、どうも血液型とこの病気には関係がなさそうです。

続けて、染色体のマーカーを三〇種類くらい調べてみると、二九種類までは、どちらの一〇〇人も同じような割合だったのに、あるマーカー（X）だけは、病気の人と病気でない人に差がついたとします。するとこの病気の遺伝子は、Xというマーカーのそばにある可能性が高いと推測できます。

とても大変な作業ですが、こうやって場所をだんだんと絞って、原因の遺伝子に到達するのです。遺伝することが明らかな現象（「表現型」）があって、その遺伝子の塩基配列を探るこのような方法を、**順遺伝学**（フォワード・ジェネティクス）と呼びます。

これに対して、分子生物学・遺伝子工学の進歩により、機能が知られているいないにかかわらず、遺伝子そのものがどんどんクローニングされるようになりました。そこで、従来とは逆に、遺伝子がまずあって、その遺伝子の機能である「表現型」を調べるという研究手法も広がりました。これを、向きが逆ということで、**逆遺伝学**（リバース・ジェネティクス）と呼びます。

マウスのクロック遺伝子

さて、ピリオドのクローニングからまた一三年たった一九九七年、二つの大きな研究成果が発表されました。一つは、シカゴ大学のジョー・タカハシのグループによる、マウスのクロック遺伝子のクローニングです。

彼らの仕事の素晴らしさは、マウスの変異を人為的に作るところから始めた点です。彼らは最初に遺伝子に異常を起こさせる物質を使って、変異を人工的にたくさん持たせたマウスを大量に作りました。そして一四一四匹を使って、その概日周期を調べたところ、あるマウスで概日周期が異常になっていることを見つけました。このマウスの子供を調べると同じような異常が認められ、遺伝的な異常であることが証明されました。その変異に「クロック」という名前をつけたのです。

その後、ポジショナル・クローニングで、最終的にこの原因の遺伝子をクローニングしました。この研究の方法自体は、コノプカがショウジョウバエで行ったものと同じです。しかし、遺伝子の変異を発見するには、普通、数千から数万の個体を調べなければなりません。

ショウジョウバエは、小さなボトル一本の中で何百匹も飼育できるので、数千匹を調べることも、手が届く範囲です。しかし、マウスを数千匹飼育して調べるのは、非常に大変です。ですから、マウスを使って、最初の変異を見つけるところから始めるというのは、膨大な手間がかかります。

このマウスのクロック遺伝子発見の論文は、生物学の分野では世界最高の権威を持つアメリカのＣｅｌｌ誌に発表され、その号の表紙には日時計の絵が使われました。ちなみにこの論文は、私自身が研究の方向転換をするきっかけにもなりました。

人間とハエがつながった

一九九七年の、二つ目の大きな研究成果は、ショウジョウバエのピリオド遺伝子がヒトやマウスという高等動物にも発見されたことです。そして、この発見により、ハエのピリオド遺伝子と、人間やマウスのピリオド遺伝子は、核酸レベル、つまり遺伝子としても似ていることがわかりました。

Cell, 89 (4), May 16/1997

これは実に驚異的なことです。

しかし、ただ単に、見た目が完全に異なり、進化的にも非常に遠いものなのにという理由で生物学者が驚いたわけではありません。たとえば、黴菌《ばいきん》が糖分を栄養に使うことは、人間と同じです。だから、糖分を分解する黴菌の遺伝子が人間の遺伝子と似ていても、それは驚くべきことではないのです。同じように、人間とハエにも共通する部分はたくさんあります。

生物学者が驚いたのは、両者の間でもっとも異なるはずの脳において、生物時計という大切な機能を働かせるために、ほとんど同じ遺伝子を使っていたからです。もちろんハエにも脳はありますが、脳によって制御されている行動の元になる遺伝子が、人間とハエとでまったく同じだとは普通考えません。核酸レベルで似ているということは、極端な話、ハエの遺伝子を、人間の遺伝子と入れ替えても、ほぼ問題なく代替できるということです。

ちょっと怖いように感じられるかもしれませんが、実際に研究者たちは、哺乳類の細胞にこのハエのピリオド遺伝子を導入してきちんと機能することも、逆にハエの細胞に哺乳類の遺伝子を導入して機能することも、どちらも確認しています。

哺乳類と昆虫は、進化学的には七億年以上前に分離したとされています。この二種類に同じ遺伝子が存在し、それが同じ働きを持っているのですから、七億年以上前に存在した共通の祖先も、この遺伝子を持っていたはずです。そして、どんな形をしていたのか想像することも難しい「人間と昆虫の共通の祖先」の中でも、この遺伝子が現在と同じような「時計の部品」として働いていた可能性が示唆されます。

時間生物学の研究ラッシュ

この後も、研究のラッシュは続き、急速に広がるので、ここではすべてを網羅できませんが、ショウジョウバエで発見されたピリオドが哺乳類にも発見されたのとは逆に、マウスで発見されたクロックが、今度はショウジョウバエでも発見されました。哺乳類では、ピリオドがひとつではなく、よく似た三つの遺伝子があることもわかりました。このようにして、ショウジョウバエと哺乳類の研究が車の両輪のように、お互いに補い合いながら、研究を加速したことは特筆すべきでしょう。

さて、ピリオドとか、クロックという遺伝子の名前だけを書き続けてきたのですが、先述のように遺伝子の機能は、クローニングされただけではわかりません。これらの遺伝子は時計の部品ですから、大小さまざまな歯車・ぜんまい・振り子などを、一つ一つ見つけてきたのが、ここまでの成果です。その部品をすべて目の前に並べて、さあ、どうやったら時計が組み立てられるだろうか、という状況になったのが、一九九七年のことでした。

部品さえそろえば組み立てに至るまでは早く、一九九七年から一九九九年までの三年間で、それが一気に解明されます。

私自身がこの概日周期研究に飛び込んだのは、ちょうどこの頃です。当時、先進的な成果を挙げていたマサチューセッツ総合病院のスティーブン・レッパートの研究室に留学しました。そして、そこで生物時計の部品を組み立てる研究に参加して、運よく最後の部品を発見して、哺乳類の生物時計を完成させました。

では、次の章でこの生物時計のしくみを詳しく説明しましょう。

4章　分子生物学が明かした驚異のしくみ

振り子と針

私たちの脳の奥深くにある概日周期生物時計の中枢は、神経細胞が一万個ほど集まったごく小さな場所で、一個一個の神経細胞が独立した生物時計であることがわかってきました。では、この神経細胞は、どのように時を刻んでいるのでしょうか。

生物時計のしくみを理解するために、ここではまず普通の時計のしくみを考えてみましょう。といっても、デジタル時計ではその中身がうまくイメージできませんので、「大きなのっぽの古時計」を思い浮かべて下さい。

この時計は、手巻きのねじでゼンマイを巻いて駆動力を貯めます。そして、ゼンマイの力で振り子が一秒を刻みます。ゼンマイは振れるための力を軽く与え続けるだけで、振れる周期そのものは振り子の長さで、常に一定に決まります。夏と冬の温度差で振り子の長さが微妙に変わりますので、それを調整できるように、振り子にはねじがついています。

この振り子が一回往復するのにかかる時間を最初に決めて、歯車の組み合わせで一秒に六

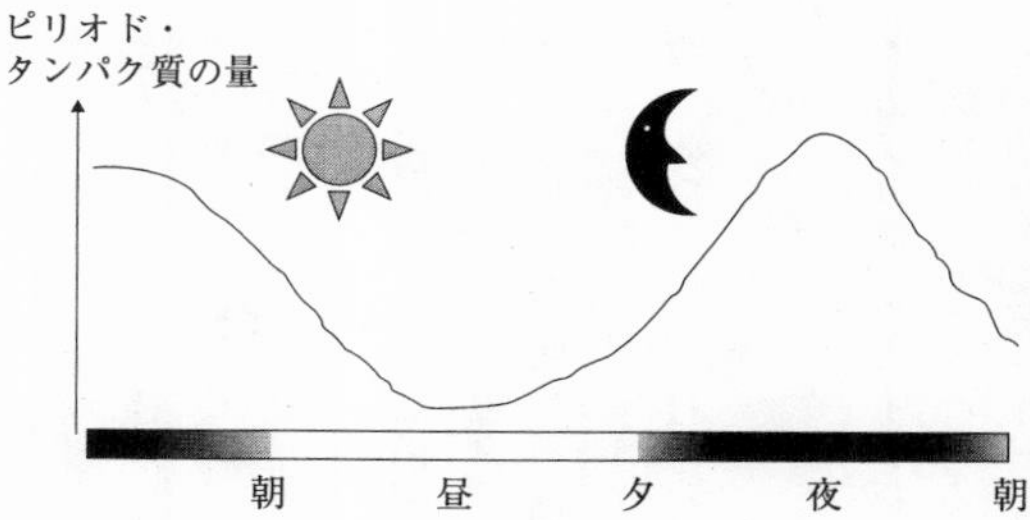

図8　増減するピリオド・タンパク質の量

〇分の一回転だけ回す軸を作って秒針をつけます。次に秒針が一周したら長針、そして短針と順に動かすように歯車を組み合わせます。針と文字盤をつけて、一つの箱の中に納めれば振り子時計のできあがりです。

　振り子時計は、駆動力を与えるねじの部分と一定の振動を生み出す振り子の部分、それを外に時間として表示する針の部分の三つに大きく分けることができます。この中で、時間を「測る」ためにもっとも大切なのは二番目の振り子の部分です。ちなみに振り子がカチコチと時を刻むことを「発振」と呼びます。

　それでは、生物時計では何がこの振り子の役割をはたしているのでしょうか。

　研究の結果、それはタンパク質であることがわかりました。動物でも植物でも、これまで調べられたすべての生物がタンパク質を振り子とする時計を持っていたのです。

　もちろん振り子時計のように小刻みに振れているわけではなく、あるタンパク質が二四時間周期で増えたり減ったりしています（図8）。大きすぎて現実には作れませんが、一回振れるのに丸一日かかる巨大な振り子のようなものです。

タンパク質の量が多いか少ないかで、生物は時間を知ることになるので、タンパク質は振り子であると同時に時計の針でもあります。

このタンパク質の種類は生物によって異なります。たとえば、哺乳類や昆虫ではピリオドとその仲間ですが、アカパンカビではフリック（周波数を意味する英語の frequency より）と呼ばれ、シアノバクテリアではカイ（発見したのが日本人グループなので〝回転〟から名付けられた）です。

なお、タンパク質は必ず決まった一つの遺伝子から作られますので、遺伝子と同じ名前で呼ぶことが多く、ピリオド（遺伝子）から作られるタンパク質もピリオドといいます。

それにしても、振り子は別にタンパク質の量でなくてもよかったはずです。実際、心臓のリズム（鼓動）は、ペースメーカー心筋細胞に流入するイオンと細胞膜上のイオンチャンネルが、あたかも「ししおどし」のようなしくみを作って、一秒に一回程度の「カチコチ」を作り出しています。

ネガティブ・フィードバック

生物はどうやって、あるタンパク質の量を二四時間周期で変動させているのでしょうか。先ほど紹介したピリオド、フリック、カイという三つのタンパク質は、お互い似たものではありません。しかし、その量を増減させて時計の振り子を作る原理は同じです。

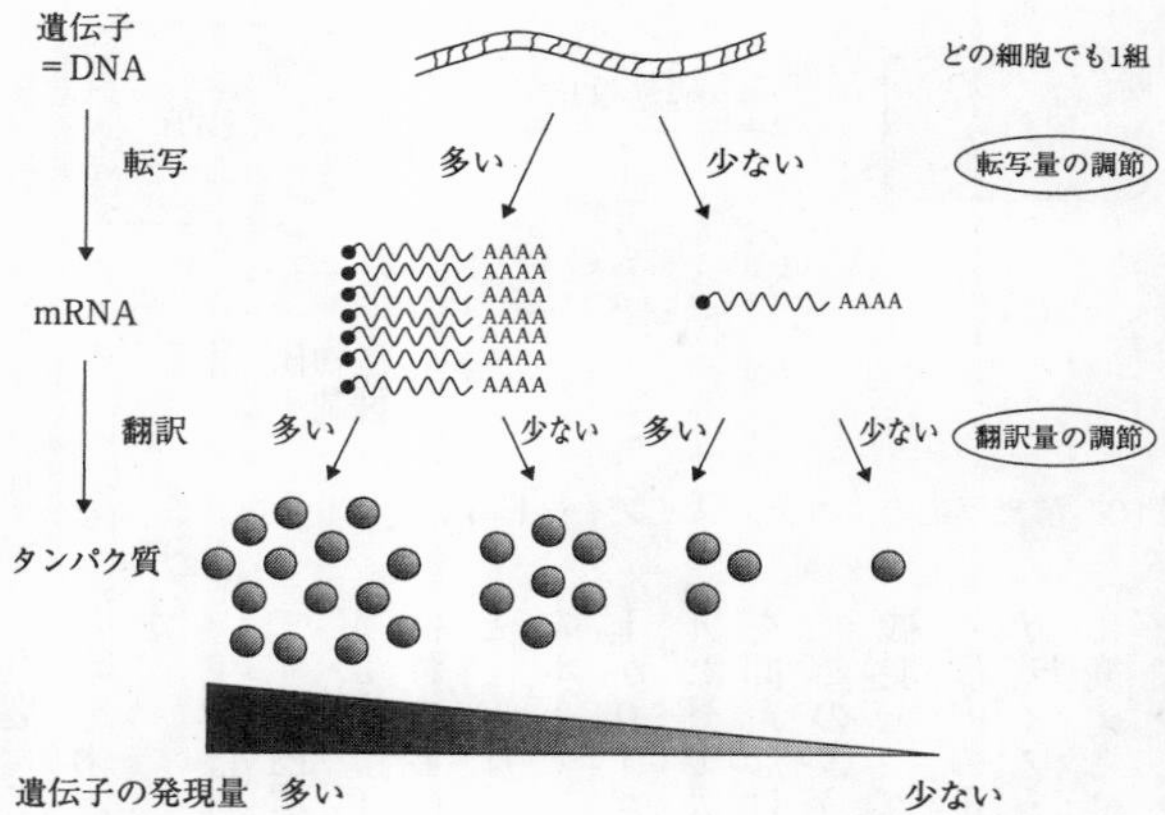

図９　遺伝子の発現量の調節機構

まず、そもそも作られるタンパク質の量をどのように変えているのか考えてみましょう（図９）。

あるタンパク質の設計図は、ＤＮＡでできた遺伝子にあります。これがｍＲＮＡ（メッセンジャーＲＮＡ）に「転写」され、そこからタンパク質に「翻訳」されるのでした。ＤＮＡでできた設計図は、一つの細胞の中に普通は一セットあるだけで、常に量は不変です。しかし、ここから作られるｍＲＮＡとタンパク質は、「転写」と「翻訳」の二段階で、それぞれその量を調節できます。ある遺伝子からタンパク質が作られることを「遺伝子の発現」と呼びますが、細胞ごとに、そして、同じ細胞でも時間によって、発現量は変化させることができるのです。

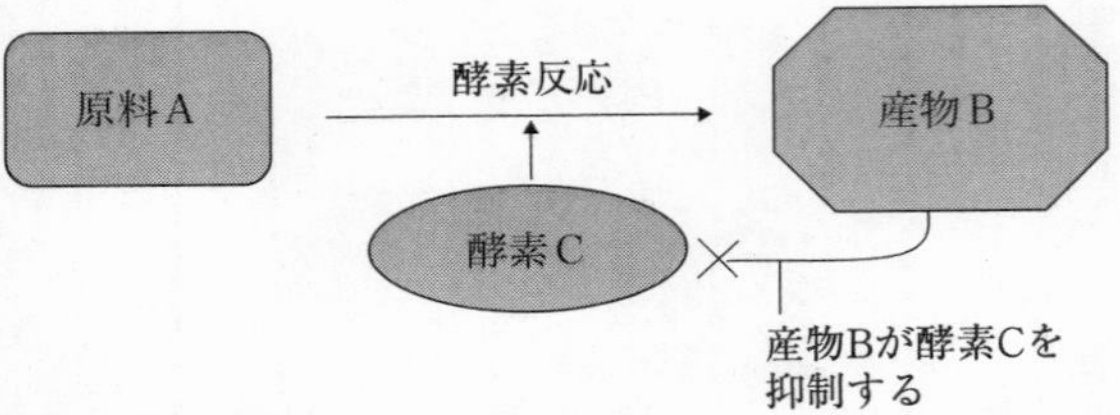

図10　酵素反応のネガティブ・フィードバック

問題はこの次です。タンパク質の量を変化させられることはわかりましたが、なぜそれが周期的に起こるのでしょうか。

生物は外部環境の変化や自分で起こした体の変化に対して、体内環境（体温・血流量・血液成分など）をある程度一定に保つ必要があります。この状態がホメオスターシスと呼ばれるものです。たとえば、怪我による出血で血圧が下がると、血圧を上げるホルモンが分泌されます。しかし、もしこのホルモンがそのまま増え続けてしまうと、どんどん血圧が上がりすぎて逆に困ってしまいます。ですから、一定のレベルに達したら、今度はなんらかの機構でこのホルモンの分泌を抑えなければなりません。

このように、何かが増えたときにそれを減らすような制御機能をネガティブ・フィードバックといいます。

体内の化学反応を触媒する物質（酵素）は、まさにこのネガティブ・フィードバックを受けています。ある原料AをBに変える酵素Cを例に説明しましょう（図10）。Bが必要量を満たしたら、もうこれ以上Bはいりません。するとBが今度は酵素Cに働きかけて、Bを作り出す能力を抑制します。まだAが残っていても、それ以上Bが作られないようにするのです。

なぜ生物時計のタンパク質の量が周期的に変わるかという謎を解く鍵も、この単純なネガティブ・フィードバックにありました。

なぜタンパク質の量が周期的に変わるのか

振り子のタンパク質（ここでは仮にXとします）は、Xの遺伝子からmRNAが転写され、そのmRNAが翻訳されて作られます。しかし、ある程度の量になると、タンパク質X自身が遺伝子XからmRNAへの転写を止めてしまうことがわかったのです。ネガティブ・フィードバックですね。ちなみにmRNAは細胞核の中でコピーされ、核の外（細胞質）に移動してタンパク質を作っていますから（メッセンジャーなわけです）、タンパク質Xは細胞核の中に入りこんで転写を抑制します。

では、なぜこのようなネガティブ・フィードバックが周期的な量の変化を作ることができるのか、順を追って説明します（①から⑦の数字は図11と対応）。

①最初は、この遺伝子XのmRNAもタンパク質もまったくない状態です。すると、細胞の核の中では、XのmRNAへの転写が始まり、mRNAが作られて増えてきます。

②作られたmRNAは核の外に運ばれ、Xのタンパク質が作られます。当然、タンパク質が増え始めるのは、mRNAより少し遅れます。

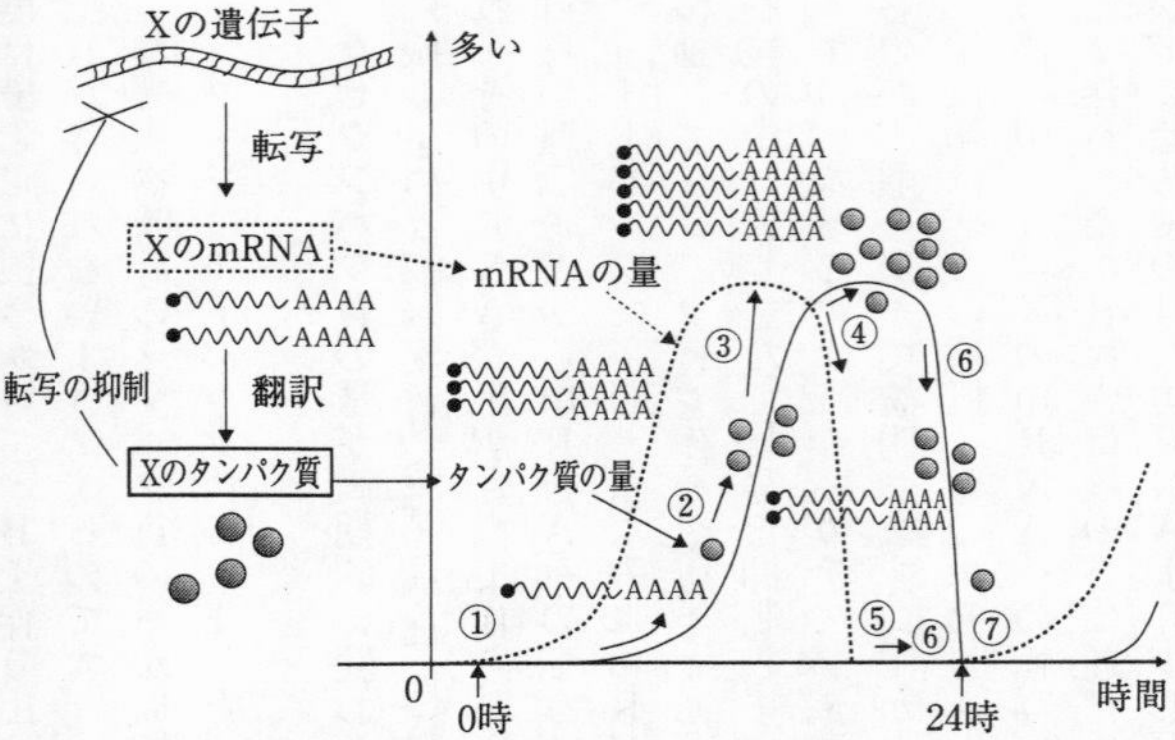

遺伝子Xのタンパク質が、自分自身の転写を抑制するという性質を持つだけで、周期的な増減を作り出すことができる

図11　ネガティブ・フィードバックによる発振機構

③さらに時間が進むと、mRNAの量はさらに増えますが、Xタンパク質の量も増えてきて、その一部は核の中に入り、mRNAへの転写の抑制を始めます。しかし、作られたmRNAはまだたくさん細胞質に残っているので、これを元にXタンパク質は作られ続けます。その後、Xタンパク質が核の中にも増えるので、mRNAへの転写は完全に抑制されて、新たなmRNAは作られなくなります。この時点で、mRNAの量は最大値になります。

④その後、細胞質のmRNAには一定の寿命があるので、だんだん減り始めます。しかし、量は減っても、mRNAが残っている限りタンパク質への翻訳は継続するので、Xのタンパク質

は、mRNAがなくなるまで、さらに増え続けます。
⑤mRNAがなくなった時点で、Xタンパク質の合成も完全に止まり、このときXタンパク質の量は最大値に到達します。
⑥Xのタンパク質にもやはり寿命がありますから、新しく作られなければ少しずつ量が減っていきます。しかし、核内のXタンパク質がなくなるまでは、mRNAへの転写が抑制されているので、mRNAはゼロのままです。
⑦最後に、Xタンパク質が完全になくなると、①に戻ります。
このようにして、生物時計のタンパク質の量は周期的な増減を繰り返していたわけです。そして、①から⑦までの一サイクルに約二四時間かかることが確認されました。

ショウジョウバエの振り子

前項で説明したように、タンパク質の周期的な量変化は、理論的にはたったひとつの遺伝子があれば作り出すことができます。しかし、実際の生物時計の振り子はもう少し複雑です。ひとつの部品から振り子が作られているのではなく、複数の部品が組み合わさってひとつの振り子を構成しています。

たとえば、ショウジョウバエの場合、前項のXにあたる遺伝子（タンパク質）は二種類（ピリオドとタイムレス）あって、これが自分自身の転写を抑制します。これに加えて、ピリオドとタイムレスが働くためには、別の二種類の遺伝子（クロックとサイクル）の助けが

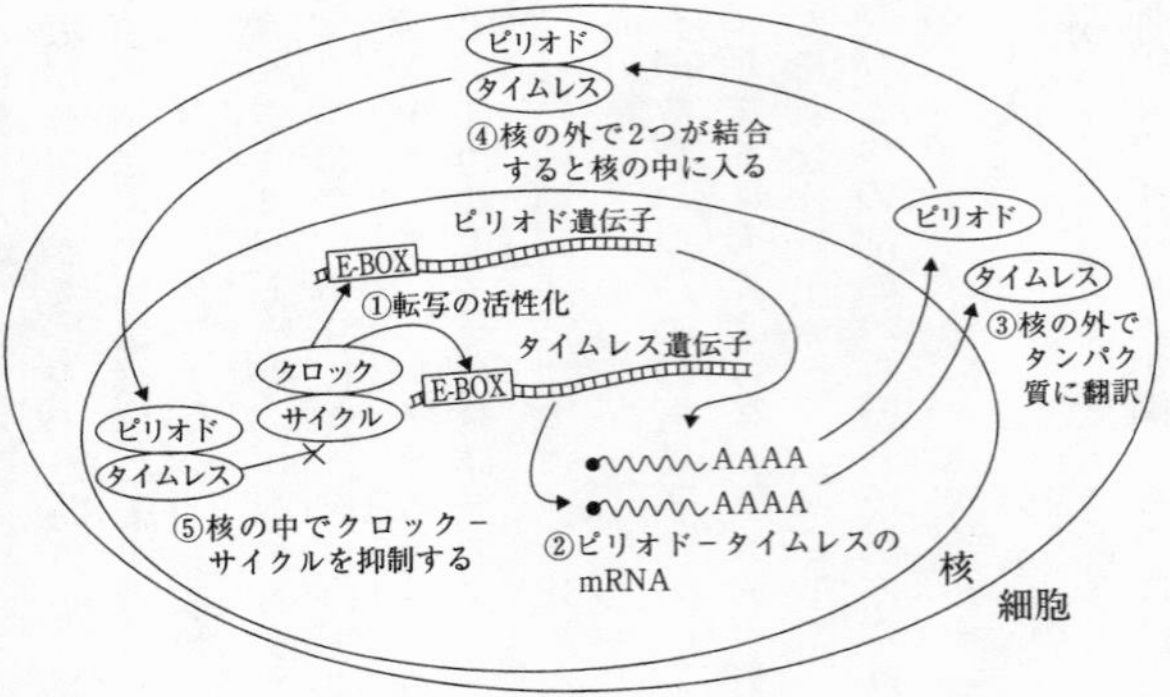

ショウジョウバエでは、4種類の遺伝子が、ネガティブ・フィードバックを形成して、24時間周期を作り出す

図12　ショウジョウバエの概日周期発振機構

必要です。つまり、振り子は合計四つの部品から作られているわけです。

では、この四つの部品はどのように組み合わさって、ひとつの振り子になっているのでしょうか（図12）。

①まず、クロックとサイクル（ともにタンパク質）は一対一で結合して、ひとつのタンパク質のように機能します。

②この複合体は核の中で、DNA上にある特別な暗号（E－BOX）を探し出し、その暗号を持つ遺伝子のmRNAへの転写を活性化させます。このE－BOXという暗号はピリオドとタイムレスの遺伝子の中にもあるので、ピリオドとタイムレスのmRNAがたくさん作られるわけです。

③このmRNAから核の外で、ピリ

オドとタイムレスのタンパク質が作られます。
④この二つのタンパク質もクロック‐サイクルと同じように一対一で結合して、核の中に入り込みます。
⑤そして核の中に入ったピリオドとタイムレスの複合体は、クロック‐サイクルの働きを阻害します。つまり、自分自身の転写を抑制しているのと同じことです。

このようにして、ネガティブ・フィードバックのループが一周ぐるりと完成します。なお、ピリオドとタイムレスが生物時計の基本因子で、この二つのmＲＮＡとタンパク質の量が二四時間周期で増減しています。

大切な部品がひとつ足りない

ショウジョウバエの研究は、哺乳類の研究と競い合いながら急速に進行しました。ピリオド遺伝子は、ショウジョウバエで先にクローニングされましたが、クロックは、マウスで先にクローニングされました。そして、これらがほぼ同じような働き方をしていることが次々に示され、昆虫も哺乳類も同じ四種類のタンパク質を使ったネガティブ・フィードバック機構で発振制御をしていると研究者が思い始めていた頃、私はこの分野の研究に参加しました。

留学したレッパート研究室では、試験管の中で飼うことのできる培養細胞を使って、これらの遺伝子の機能を解析するシステムを開発したところでした。まさに生物時計の部品を組

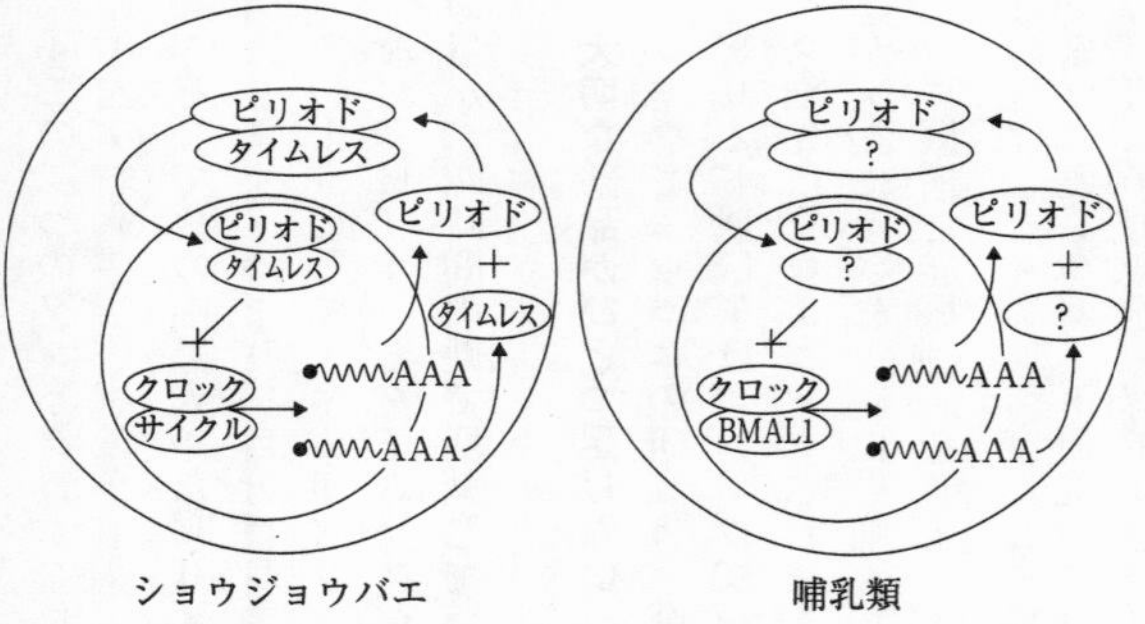

図13　哺乳類ではタイムレスがない

み立てる最終段階にあったわけです。

ところが、ここで研究が大きな壁にぶつかります。

ショウジョウバエで示された四つのタンパク質のうち、ピリオド、クロック、サイクルの三つは、哺乳類でもよく似たものがほとんど同じ働きをしているということが、レッパート研究室でも他の研究室でも確かめられました（ちなみにショウジョウバエのサイクルに相当するのがＢＭＡＬ１で、ピリオドは哺乳類の場合三種類あります）。しかし、タイムレスだけがどうも変なのです。哺乳類の遺伝子の中から、タイムレス遺伝子に一番似ている遺伝子を探し出してきて、その機能を調べてみても、ショウジョウバエのタイムレスと同じ働きをしません。

ということで、順調に解明が進んできて、ほぼ全容がわかったと考えられた哺乳類の概日周期の発振機構ですが、ここで研究がちょっと停滞します。

哺乳類では、一番大切な役者が一人欠けていて、ネガティブ・フィードバックのループをきちんと書けないからです（図13）。そこで私は、ショウジョウバエのタイムレスと同じ働きをする遺伝子を、哺乳類の遺伝子の中から探し出すことを研究テーマに選びました。

このテーマはまったく未知の遺伝子を、膨大な数の遺伝子の中から探し出すものですから、なかなか大変です。時間もかかりますし、本当に見つけられるという保証もありません。

そこで、もうひとつ別の研究も同時に始めることにしました。

光を感じるタンパク質

生物にとってDNAは大切なものなので、DNAに何らかの異常ができたら、それを修復しなければなりません。だから、さまざまなDNA修復機構を生物は持っています。

そのひとつに、紫外線によるDNAの損傷を、光の力を使って修復する酵素があります。ショウジョウバエから、この機能を持つ遺伝子（Dm64）が見つかりました。このDm64は、植物の青色色素を受け持つ遺伝子（**クリプトクローム**）と少し似ていました。つづいて、Dm64よりもっとクリプトクロームに近い遺伝子がショウジョウバエや人間から発見され、これをショウジョウバエと哺乳類のクリプトクロームと呼ぶようになります。

Dm64は光による損傷DNAの修復酵素でしたが、クリプトクロームにはそのような機能はありませんでした。研究が進むにつれて、ショウジョウバエのクリプトクロームはなんと生物時計の入力系に働くことがわかってきました。外部の光が入ってくると、クリプトクローム・タンパク質がその光を受け取り、その情報をピリオドとタイムレスに伝えます。そして、ネガティブ・フィードバックの周期を調節することで、生物時計のリセットを行っていたのです。

さて、ハエで観察されたクリプトクロームの機能は、哺乳類でも同じでしょうか。もしショウジョウバエと同じように、哺乳類でもクリプトクロームが光による概日周期の調節を担っているのならば、この遺伝子に異常があれば当然、光による概日周期のリセット機能も狂ってくるはずです。

ある遺伝子がどんな機能を持っているのか調べる手段として、人為的にその遺伝子の機能を完全になくしてしまったマウス（ノックアウトマウス）を作って、どのような異常が発生するかを観察するというやり方があります（ある遺伝子のノックアウトマウスを作るのは、普通一〜二年かかる大仕事ですが）。

このようにして、クリプトクローム遺伝子を持たないマウスを調べてみると、このマウスは光による調節が働かなくなっているのではなく、概日周期リズムそのものが完全にめちゃくちゃになっていることがわかりました。当初の予想からすると、これは奇妙なことです。もしクリプトクロームが哺乳類でも入力系に作用しているなら、リセット機能が失われるだけで、発振部は変わらないはずだからです。

この研究結果はNature誌に発表されたのですが、この雑誌が発行されるよりも早く、私はこの噂を聞きつけました。当時まだ私はそのノックアウトマウスを見たこともなかったので、このクリプトクロームが生物時計にはたす役割などまったく想像できませんでした。しかし、とりあえずこの噂を信じて、クリプトクロームが概日周期の制御の何かをしているだろうと考えました。

というわけで、この遺伝子の機能を調べることを自分の研究のサブテーマとしたのです。

二兎を追う者の幸運

まず、クリプトクローム遺伝子のクローニングからです。クリプトクロームには二種類あり、マウスでは、片方は既に遺伝子のデータ・ベースに登録されていたので、遺伝子のクローニングは簡単です。もう一方については、当時はまだ未知の部分があったのですが、部分的な情報に基づいて、少し工夫をして遺伝子をクローニングしました。なお、現在では、マウスのすべての遺伝子を含むゲノムの全体が、データ・ベースに入っているので、このような工夫も不要で、研究はどんどん簡単に速くなっています。

次に、このクリプトクロームの機能を調べます。しかし、どのような機能を持つかはっきりわからないのですから、調べる方法にはいろいろな選択肢があります。当時、私のいた研究室でもっとも簡単にできた方法からやってみました。これはピリオドやタイムレスの機能

	ショウジョウバエ		マウス
転写を抑制するペア	ピリオド	＝	ピリオド1，2，3
	タイムレス	≠	クリプトクローム
転写を活性化するペア	クロック	＝	クロック
	サイクル	＝	BMAL1

完成した生物時計の部品の比較

を調べるのと同じ方法です。

結果は驚くべきものでした（これはアメリカに留学してまだ二ヵ月目くらいのことです）。あまりに驚いたので、きっと何かの間違いだろう、たとえば、実験の時に何かを入れ忘れたような単純なミスで、こんな結果が出ただけだろうと思い、最初の結果は仲の良い同僚にちょっと話しただけで、もう一度実験をやり直しました。

二回目の実験では、絶対に間違えないように気をつけたうえ、いくつかの追加実験も加えてミスではないことを確認できるような対策を講じました。ところが、一週間後にその結果が出てみると、最初の結果と同じだったのです。

その結果とは、クリプトクロームが、クロック－BMAL1タンパク質による、ピリオド遺伝子の転写活性化を強力に抑制するというものでした。生物時計の研究者にとって、これは非常に画期的な発見だったので、研究室のミーティングで話した時に同僚が興奮した様子は忘れられません。

その後の実験で、クリプトクロームは、ピリオド遺伝子と結合すること、結合したピリオド遺伝子を核の中に移行させること、そして、クロック－ＢＭＡＬ１を抑制して、ピリオド遺伝子の発現を抑えることがわかりました。

さらに、同じ研究室の同僚の協力も受けて、マウスの脳の概日周期中枢であるＳＣＮで、クリプトクローム遺伝子のｍＲＮＡもタンパク質も二四時間周期で増減していること、クリプトクローム遺伝子にも、Ｅ－ＢＯＸという暗号配列があることなどがわかりました。ようするに、哺乳類のクリプトクロームは、ショウジョウバエのタイムレスと同じ働きをしていたのです。

私がメインテーマとして追いかけていた未知のタンパク質が、実は、サブテーマで機能を解析したタンパク質そのものだったのです。二兎を追っていたつもりが、実は同じ一匹のウサギだったわけです。

欠けていた最後の部品がそろったので、これで哺乳類の生物時計の発振メカニズムも完成しました。ショウジョウバエとマウスの生物時計の部品を比較したのが右上の表です。ショウジョウバエと哺乳類という、進化的に大変離れた種類の動物で、概日周期が似たような役者によって演じられているというのも驚きですが、そのうちの一人だけが、異なる役者にすり替わってしまったというのもまた面白い現象です。

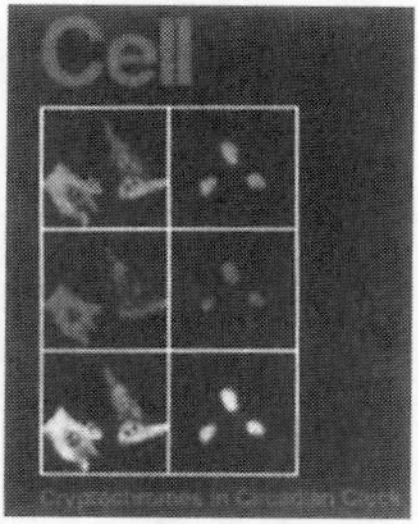

Cell, 98 (2), July 23/1999

この研究成果は一九九九年のＣｅｌｌ誌に発表しまし

た。表紙にはクリプトクロームがピリオドとともに細胞の核の中に入っていることを示した写真が使われています。

こうして生物時計の発振部のしくみが解明されました。

時計だらけだった私たちの体

生物時計の発振部のしくみが明らかになったことで、予想外のことがいろいろわかってきました。

もっとも面白いのは、この発振機構を、生物時計の中枢であるSCNだけでなく、全身の細胞が持っているということです。ピリオドとクリプトクロームのネガティブ・フィードバック・ループ自体は、体中のどの細胞でも作ることができるものです。どの細胞も、持っているDNAはSCNの神経細胞と同じだからです。

そして実際、ほとんどの細胞が時を刻んでいました。このことは、世界中の研究グループがさまざまな形で証明しました。

その結果をまとめると、まず全身の細胞が、ピリオド・タンパク質の二四時間周期の増減リズムを持っています。このリズムは、肝臓とか心臓などの臓器だけを取り出してしばらく培養しても、何日間か持続しました。ただしSCNの神経細胞のように何ヵ月間も続くものではなくて、この点が大きく違います。

また、ピリオドが一日のうちで一番多くなる時刻や少なくなる時刻を比較してみると、各臓器ごとに一定の時間ずれていることが多く、その位相はSCNとは一致しませんでした。それから夜間に光を当てたりして、動物の行動のリズムを変えてやった場合、SCNのピリオドの周期は、光に合わせてすぐに変わりますが、臓器のほうは変わるまでに少し時間がかかりました。

体中に存在するこれらの時計は、どうやら何らかの方法で、脳の中の時計に合わせているようです。これは考えてみるときわめて合理的なしくみです。体の中の各部分は、とりあえず自分の持っている時計を見るのが手っ取り早いし、だいたいの時間は合っているので、普段はそれを見ながら行動しています。そして、脳の中の時計が変わった時には、多少の時間的なずれは出ますが、それに合わせてリセットするわけです。

なお、ゼブラフィッシュという魚の場合は、体が透明に近く、体中の臓器に直接光が当たります。そして、ショウジョウバエと同じく、クリプトクロームというタンパク質が光を受けて時計を調整する作用があるので、中央の指令を受けなくても、末梢の各臓器が、光に合わせて時計の調節をすることができます。つまりクリプトクロームが、発振部と入力系の両方で働いていることになります。

そうすると、2章で説明した生物時計を入力系・発振部・出力系の三つに分ける考え方は、少々単純すぎるようです。現在では、入力系・出力系の要素が発振部のループとかみ合いながら、より複雑なループを作っていると考えられています。

セントラルドグマを壊した発見

生物学では、多くの生物間に共通する性質をセントラルドグマと呼ぶことがあります。たとえば、4章で説明したDNAからメッセンジャーRNAを介してタンパク質が作られる一方通行の流れが分子生物学では最も重要なセントラルドグマでした。しかし、逆転写酵素というRNAからDNAを作る酵素が発見されたことで、このセントラルドグマにも例外がある、つまり逆方向に向かう流れがあることがわかり、セントラルドグマが絶対的なものではないことが示されました。

生物時計では、転写翻訳のフィードバック・ループによるタンパク質の量の増減が二四時間を作り出すことがセントラルドグマで、これが細菌、植物、動物の全てで同じと考えられていました。ところが二〇〇五年に、前述の名古屋大学の近藤孝男先生のグループの冨田淳先生が、このドグマをぶち壊す大発見を発表しました。

彼らのグループは、シアノバクテリアでは、カイという時計遺伝子のタンパク質の量が二四時間周期で増減するだけではなく、リン酸化状態も二四時間で変化することを、それまでの研究で示していました。リン酸化というのは、タンパク質の一部にリン酸という物質が結合して、タンパク質の性質が変化することです。このリン酸化される量が二四時間周期で増減します。ところが、このシアノバクテリアに薬を与えてタンパク質の合成を阻害しても二四時間のタンパク質のリン酸化リズムが継続することがわかったのです。タンパク質の量は変わらないので、変化するのは、タンパク質のリン酸化の状態だけです。

さらに驚くことに、同じグループの中嶋正人先生は、このリン酸化リズムが、カイというタンパク質だけでも起きる、つまり、生きた細胞の中でなく、最低限必要なタンパク質とエネルギー源であるＡＴＰという物質さえ試験管の中で混ぜれば、勝手に二四時間周期でリン酸化状態が振動を続けることを見つけたのです。さらにさらに驚くことに、温度が高くても低くても、この振動の周期はほぼ二四時間で変化せず、温度補償性がタンパク質だけでも認められたのです。

この発見は、セントラルドグマに例外があることを示しただけではなく、生物時計の根源に迫る驚くべきものでした。もちろんセントラルドグマは、今でも重要で、哺乳類では転写翻訳が必須と考えられていますが、タンパク質の量的変化以外の二四時間周期の研究の今後が注目されます。

時計から睡眠へ

さて、次章からは睡眠の話に入ります。

もともと私は睡眠に興味を持っていました。ただ、睡眠は未解明な部分が多すぎるうえに、脳の高次機能なので、分子生物学の直接の研究対象にするのはまだまだ困難だと感じていました。

ではなぜ生物時計の研究に参加したかというと、生物時計は睡眠と密接に関係するからです。つまり、とりあえず生物時計の遺伝子がわかれば、そこから糸をたぐるように、睡眠の分子機構にも近づけるのではないかと考えました。また、生物時計のほうが分子機構の解明が進んでいたというのも大きな理由です。実際、生物時計の研究は予想外のスピードで進み、あっという間にその発振機構が解明されました。

それが解明されたのと同じ一九九九年、睡眠研究に大きな動きがありました。単独の遺伝子としては初めて、睡眠に大きな影響を持つものが発見されたのです（8章参照）。

しかし、哺乳類の複雑な脳を対象に、睡眠の研究をするのは大変です。ちょうどその頃、生物時計研究の立役者、ショウジョウバエも眠るらしいという噂を耳にしました。理由はあとで説明しますが、もしショウジョウバエが睡眠の研究に使えるのなら、これほど素晴らしいことはありません。これはチャンスだと考えて、生物時計の研究から、睡眠を対象とする研究へと踏み出したのです。

5章　不眠症のハエから睡眠遺伝子を探る

睡眠とは何か

睡眠とは何でしょうか。

この問いに答えるのは簡単なように見えるかもしれませんが、実は難しいことです。睡眠といえば、「目をつぶっている」「横になっている」「じっとしている」「静かに呼吸している」「いびきをかいている」などという情景を思い浮かべることができます。もう少し考えると、「寝言を言う」「呼びかけても、返事をしない」「くすぐっても笑わない」「でも足を踏むと目を覚まして怒る」などという答えもありえます。

しかし、これらの睡眠状態のいくつかは、たぬき寝入りしている人にも当てはまります。また、手術で麻酔をかけられている人や気を失っている人、極端な例では死んでしまった人にも、部分的にはあてはまります。

それでは、たぬき寝入りしている人や気を失っている人と、本当に眠っている人とは、何が違うのでしょうか。

眠っているという状態の特徴は、次の五つに整理することができます。

第一に、自発的・随意的な運動の低下や消失です。何か目的のある行動をせずに、じっとしているということです。ただし、夢遊病（睡眠中遊行症）などの例外もあります。

第二に、外部からの刺激に対する反応性の低下があげられます。普通に呼びかけても返事をしません。たぬき寝入りしている子供の場合、ちょっと足の裏をくすぐってみれば、すぐばれますから、外部の刺激に対する反応性が保たれているわけです。

第三に、生物種に応じた特徴的な姿勢があります。人間の場合は、たいていは横になりますし、座っていれば首の力が抜けて、隣の人の肩にもたれかかっているのを電車などでよく見かけます。動物には、立ったまま眠るものもいます。

第四に、強く揺り動かしたりすれば、覚醒状態に戻すことができます（可逆性）。気を失っていたり、麻酔をかけられたりしている人は、強く刺激しても起きることがありませんので、その点で眠っているのとは違うわけです。

第五に、うたた寝や昼寝を別にして、人間は自宅の寝床で眠ることがもっとも多いですね。動物の場合も本能的に、睡眠をとる一定の場所を持っていることが多いようで、このような帰巣性も睡眠の特徴です。

しかし、以上の特徴はいずれも、冒頭の問いに対する直接の答えにはなりません。

そこで現在、医学的には、睡眠は脳波で定義されています。脳波は、脳が発達した生物、具体的には哺乳類と鳥類でしか、詳しい研究ができませんでした。そのため、その他の動

物、たとえば爬虫類とか昆虫が眠るのかどうかについては、「定義そのもの」がされていませんでした。つまり、狭い意味で睡眠があるのは哺乳類と鳥類だけだったのです。

この二種類の恒温動物では、睡眠は特定の脳波と筋電図・眼球運動のパターンで定義されていて、レム睡眠とノンレム睡眠という二つの睡眠状態に分けて考えられています。ノンレム睡眠は脳波の形からさらに四段階に分けられますが、これは次章で人間の睡眠を扱うときに説明します。ここで理解しておきたいのは、人間には二つの睡眠状態があり、それと対置されているのが覚醒状態だということです。

遺伝学の「黄金の道具」——なぜショウジョウバエか

次に、私が研究を始めた時には、睡眠の定義そのものがなかった、ショウジョウバエの話に移りたいのですが、「またハエか」と思われる向きもあるでしょう。

そこで少しわき道に入って、まず、なぜショウジョウバエが実験動物としてよく使われてきたのか、簡単に説明してから本題に進むことにします。

ショウジョウバエは世界中のほぼどこにでも棲んでいて、すぐつかまえることができます。が、もちろん理由はそれだけでなく、メンデルの法則の説明によく使われるように、遺伝学の材料として最適なのです。ショウジョウバエは、卵が親になって次の卵を生むまでの世代時間が短く、一週間から一〇日くらいしかかかりません。また飼育も交配も容易で、一組の雌雄ペアで最高では一〇〇〇匹以上という非常にたくさんの子孫を残します。餌も安

く、取り扱いも容易です。

古典的な遺伝学では、交配して子孫の形質を見ることが必須だったので、これは非常に有利でした。また、ショウジョウバエの変異の多くは、目で見てはっきりわかります。たとえば、本当は赤い目が白くなったり、茶色や紫色になるとか、羽がカールして丸まっているとか、茶色の体の色が真っ黒になったり、黄色になったりします。

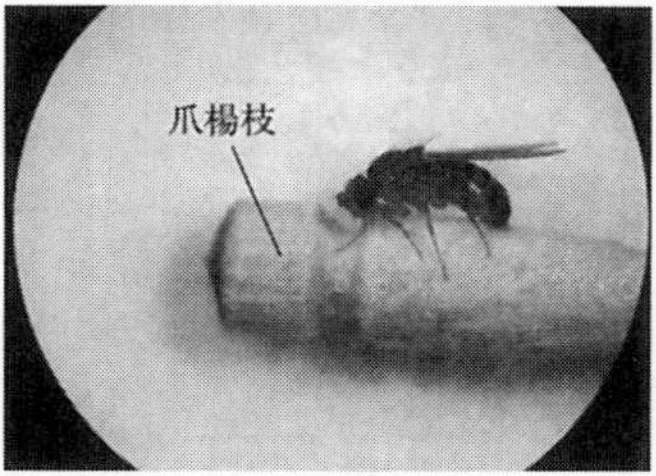

ショウジョウバエ

これらの理由に加えて、やや専門的になりますが、ショウジョウバエのオスでは、そのオスの父親と母親からもらった染色体同士が組み替えを起こしません。つまり、父親の染色体の性質と母親の染色体の性質が、遺伝的に混ざらないのです。メスの場合も、この組み替えを抑制するバランサー染色体というものが作られていて、これを使うことで、たくさんの遺伝子の性質を染色体ごと、子孫に安定して伝えることができます。またその他にもさまざまな独自の特徴があり、ショウジョウバエはまさに遺伝学の「黄金の道具」なのです。

さらに、ゲノム科学の急速な進展で、二〇〇〇年にはショウジョウバエの全ゲノム配列が決定されました。そしてゲノムについても、ショウジョウバエは実に取り扱いやすい性質を持っていました。

まず、全ゲノムの長さが短かったことです。ショウジョウバエの全ゲノムは、一億二〇〇

〇万文字分しかありません。これでもずいぶん長いのですが、三〇億文字分の長さを持つ哺乳類に比べると二五分の一です。

ところが、そのゲノムの上にある遺伝子の数は、ショウジョウバエでは一万四〇〇〇個程度です。人間はまだ完全に確定はしていませんが、最新の研究でも二万個程度といわれているので、たったの二倍弱です。また、数は確かに二倍でも、哺乳類の場合、先に触れたピリオドも三種類、クリプトクロームも二種類と、よく似た遺伝子が複数存在することも多く、二倍の複雑さを持っているとは言えません。

そして、ひとつの遺伝子（タンパク質）の長さは、ハエでも人間でも、同じくらいのものが多いので、残りは、ほとんどがタンパク質にはならない部分です。進化過程で使われなくなった偽遺伝子などもあります。

実際、ヒトの染色体地図を見ると、遺伝子がちらほら並んでいますが、ショウジョウバエではぎっしりと詰まっています。そのため、分子生物学者にとっても、ショウジョウバエは、染色体ＤＮＡがコンパクトでとても取り扱いやすいのです。古典的な遺伝学に適していた実験動物が、最新の研究技術でも扱いやすかったことは、研究者にとってはラッキーなことでした。というわけで本書でも頻繁にハエが登場するのです。

赤外線行動観察装置

私がショウジョウバエの睡眠の研究を始める決心をしたのは、一九九九年一〇月のことで

した。フロリダで開かれたアメリカ生理学会で、「どうもハエにも『睡眠』があるようだ」という当時未発表の研究成果（後掲「ショウジョウバエの『睡眠』」参照）をジョーン・ヘンドリックスから聞いたことが直接のきっかけです。この学会は、哺乳類の概日周期を研究する時間生物学分野の分子生物学者と睡眠分野の生理学者が初めて出会った、エポックメーキングな出来事でした。

私もそれまでにさまざまな実験動物を扱ってきましたが、昆虫を研究対象として扱うのは初めてでした。しかし、ショウジョウバエを飼い始めて、その遺伝学を勉強すると、すぐその研究材料としての魅力にとりつかれました。特に他の動物種にはない、飛び道具とでも呼ぶべき、さまざまなツールがそろっていることに感心しました。

遺伝学をメンデルの法則から学んだ人は、遺伝学はマウスでも、人間でも、昆虫でも、植物でも、基本は同じだから、特に差が無いと考えがちです。実際、私も始めるまでは、ショウジョウバエだからといって、特別に遺伝学を勉強しなおす必要はないと思っていました。

しかし、ショウジョウバエには、他の実験動物にはないユニークな特徴と道具があります。本旨とずれるのでその内容までは説明しませんが、ショウジョウバエの遺伝学は、一般的な遺伝学を応用するだけでは不十分で、ひとつの独立した分野として学びなおす必要があります。もちろんメンデルの法則は適用できますが、変異の解析や、ある遺伝子のクローニングを行う時に用いる研究手順などは、他の実験動物を使う場合とは、まったく異なると言えるほどです。

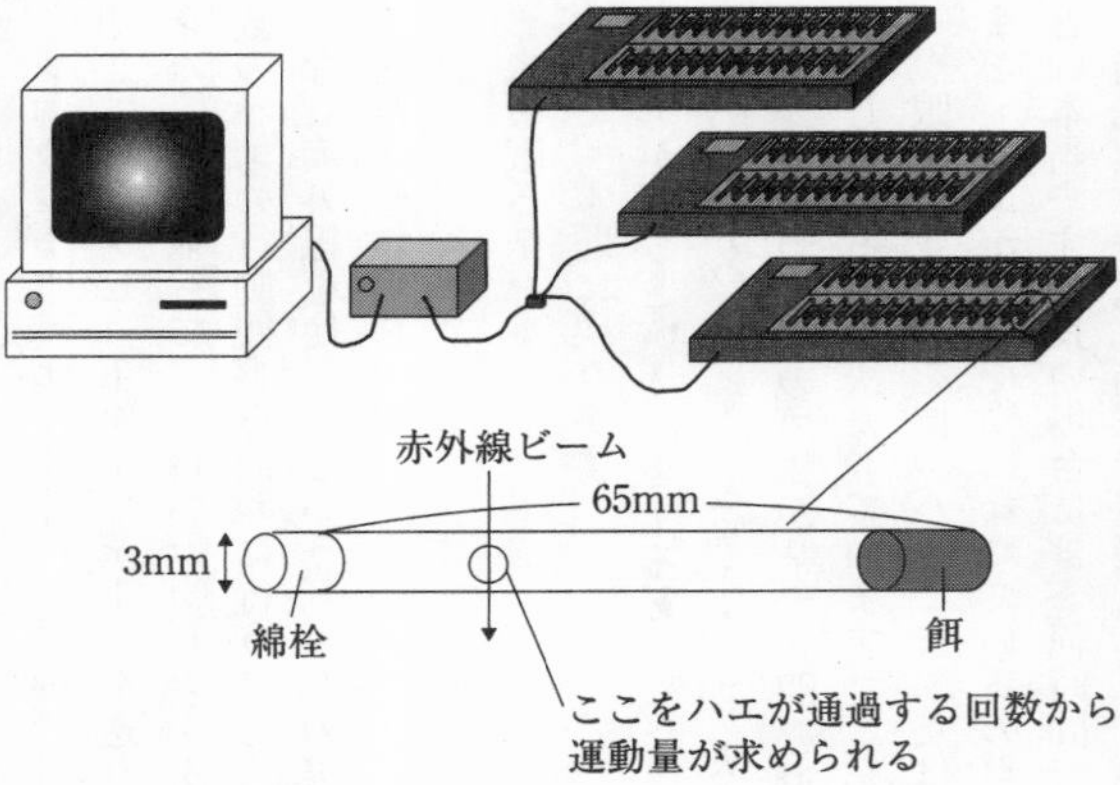

図14　赤外線行動観察装置

ショウジョウバエは、それまでも概日周期の研究には長く使われてきましたが、睡眠という視点で研究を始めていたのは二グループしかありませんでした。そのため、データを定量的に解析するシステムもありません。そこで、睡眠現象を定量的に調べるためのシステム開発から始めました。

ハエの行動の観察は、赤外線行動観察装置を使います（図14）。この装置は、三二本のガラスチューブを並べられる箱で、各チューブの真ん中あたりに赤外線ビーム発生装置と赤外線センサーがとりつけてあります。ガラスチューブは、内部の直径が約三ミリ、長さが六五ミリの細長いもので、中に一匹だけハエを閉じこめます。片側には餌を入れて、もう片側は綿で蓋をすると、この中で、ハエは飛ぶことはできませんが、歩き回ることはできます。このチューブを横にして、チューブの真ん中に赤外線のビームが通るようにセットします。ショウジョウバエが歩くと、この赤外線ビームを遮るので、それを反対側のセンサーが検知して、コンピューターにデータを送り、行動を連続して観察できます。さらに、この装置をたくさん並べて、一台のコンピューターでデータを回収・処理することができるので、多数のハエの行動観察を同時に行うことも可能です。

なぜ赤外線を使うかというと、この実験を暗闇で行う時も、赤外線はハエの生物時計に影響を与えないからです。

虫も眠る?

さて、本題に戻ります。

ハエが眠るという話をすると、「え? ハエって眠るのですか?」という反応が返ってきます。「もちろんです」と答えると、決まって「じゃあ、ハエが眠っているというのは、どうやったらわかるのですか?」と聞き返されます。「それは目をつぶって、横になって、じっとしている時に決まっています」と私は冗談で答えています。

複眼の大きな目を持つハエにまぶたはないので、もちろん目をつぶることはありません。また、ハエが自分で横になっているのも見たことはありません。ただし、じっとしていることは本当です。長い場合には、何時間でも動かずにじっとしています。

哺乳類の睡眠は脳波で定義されますが、ハエでは脳波をとることが簡単にはできません。

ハエにも小さいですがちゃんと脳はあります。しかし、脳よりも目のほうが何倍も大きいので、小さい電極で脳波を測ろうとしても、目の神経活動、つまり眼電図ばかりとれてしまうのです。

人間やマウスでは、脳波をとれば、「眠っているのか、起きているのか（＝覚醒しているのか）」「眠っているとしたら、夢を見ているか（＝レム睡眠なのか）」ということがわかります。一方、脳波のとれないハエでは、起きているのか、眠っているのか、あるいは、意識があるのかないのか、よくわからないわけです。

しかし、脳波を調べることができなくても、我々が「眠っている」と考える基準を使えば、睡眠に似た状態があるかどうかを調べることはできます。

そこで、哺乳類を中心に見つけられた睡眠の特徴に照らして、ハエにこれと似た行動があるかどうかを考えてみます。哺乳類の睡眠には、以下の特徴がありました。

(1)自発的・随意的な運動の低下や消失、(2)外部からの刺激に対する反応性の低下、(3)種に応じた特徴的な姿勢をとること、(4)可逆性、(5)帰巣性です。

これに加えて、睡眠は、その量を次の二つの要素で決められています。

(6)睡眠の量は、それ自身のホメオスタシスにより調節される。つまり、一日あたりの必要量がだいたい決まっていて、量が足りなくなると眠気がひどくなり、その分を眠って補います。

(7)睡眠の量は、概日周期によっても制御されている。

この哺乳類の睡眠の特徴を昆虫で最初に調べたのは、フランスの生理学者、アイリーン・トプラーです。彼女はゴキブリを使って、この七つの特徴を満たすような行動が、ゴキブリにもあるかどうかを観察して、昆虫にも睡眠と呼べる状態があるようだという論文を発表しました。

ショウジョウバエの「睡眠」

ショウジョウバエが実験動物として全世界で幅広く使われていることを、先ほど説明しました。また、赤外線を使った自動行動観察装置があるので、長時間の観察も容易です。

そこで、睡眠の条件を満たすような行動がショウジョウバエにもあるかどうかを、アメリカの二つのグループが研究して二〇〇〇年に発表しました。

ペンシルバニア大学のジョーン・ヘンドリックスは、ショウジョウバエの行動をビデオで録画し続けて、解析しました。また、サン・ディエゴの神経研究所のポール・ショーは、超音波を使った観察装置を使って観察しました。両グループとも、赤外線行動観察装置による観察も併用しています。そして両者の結論は同じで、ショウジョウバエにも睡眠に似た行動があったというのです。

哺乳類の睡眠に見られる七つの特徴が、どのようにハエにあてはまったのか。順を追って見ていきましょう。

まず、一定時間動かないでじっとしているという第一の特徴については、普通のハエにも、長い場合は一時間から数時間、まったく動かない時がありました。何分間連続して動かなければ睡眠とカウントするのかというと、実ははっきりした根拠がないのですが、とりあえずヘンドリックスのグループは三〇分間、ショーのグループは一〇分間という時間を一つの単位としました（この時間の長さをどうするかという問題は、のちほど私自身の研究の話で触れます）。そして、三〇分間あるいは一〇分間、まったく動かずにじっとしていれば、眠っているとみなすことにします。

これは人間の睡眠単位が九〇分くらい、マウスが一〇〜一五分ということなどから、類推したものです。この基準で、睡眠と思われる行動を一日にわたって計測してみると、二四時間のうち六〜七割の時間は、じっとしているようです。動かない時間の長さの合計は、ほぼ毎日一定です。

第二の外部からの刺激に対する反応性の低下はどうでしょうか。たとえば、日中、活発に動き回っているハエが一瞬動きを止めた場合、非常に小さい音や動きでも、敏感に反応してすぐ飛び立ちます。家の中に入り込んで飛び回るハエを、簡単にはつかまえられません。しかし、一定時間以上じっとしているハエは、少し大きい音や刺激を加えないと動きません。特に夜間はじっとしていることが増えます。

つづいて第三の特徴、特定の姿勢をとるかどうかです。ハエの場合横になって眠ることはないわけですが、長時間じっとしている時は通常よりお尻を落とした低い姿勢をとります。

第四の可逆性については、第二で書いたことから明らかです。眠っていると考えられるシヨウジョウバエは、軽く容器を叩くだけでは無反応ですが、強い刺激を与えれば必ず反応して動きます。

第五の帰巣性については実験室の中だけではわかりません。ただし、細いガラスチューブの片側だけに餌を入れておくと、五分以上休む場合には九五%以上の確率で、餌に近いほうから約三分の一の場所でじっとしています。

第六の特徴、ホメオスターシスで量的な制御をされているかどうかは、次のように確かめられます。ハエが一定時間じっとしている時に、ハエを入れたチューブを手で叩いたり、あるいは機械的に音や振動などの刺激を与えたりして、ハエがじっとできないようにすると、その刺激をやめたあと、普段より長い時間休むようになります。これは、哺乳類の断眠実験と同じです。

そして最後の特徴、概日周期によって調節されていることは、一定時間じっと休んでいる時間が、朝夕には非常に少なく、夜に多くなることから示されます。また、概日周期リズムが乱れているハエでは、この休む時間のリズムも乱れてしまっています。

これら以外にも、このハエの「睡眠に似た行動」と哺乳類の「睡眠」には、いくつか類似点が見つかっています。たとえば、眠気を覚ます作用のあるカフェインをハエに与えると、じっとしている時間が減ります。逆に眠気を催す抗ヒスタミン剤ではその時間が増えます。

断眠に弱いハエの発見

このようにショウジョウバエにも、あたかも眠っているかのような行動があることが示されてきたのですが、二〇〇二年、さらに面白い発見が報告されました。

普通のハエは、一定の刺激を与えて眠らないようにすることができますが、これを何日間も続けることはできません。というのは、どんなに強い刺激でも一日以上続けると、ハエがこの刺激に慣れてしまって、「眠る」ようになってしまうのです。

たとえば、ハエを飼っているガラスチューブを、少し高いところから台の上に落とすことを何回も続けていると、最初のうちは、ハエは落とすたびにびっくりして飛び上がるのですが、そのうち、落としても無視して、チューブの中でころころ転がるだけになります。まるで死んでいるかのようです。これは、夜更かしを続けた高校生が、朝、ふとんをはがされても、耳元で目覚まし時計が鳴っても、からだを揺り動かされても、どうしても起きられず、丸まって眠っているようなものです。ですから、ハエの場合、長く断眠を続けることができず、断眠が致死的なのかどうかわからなかったのです。

ところが、ある遺伝子がなくなったハエは、極端に断眠に対して弱くなっていて、一二時間くらい刺激を与えて眠らせないだけで、半分くらいのハエが死んでしまうということが確かめられたのです。このことから、ショウジョウバエにとっても、睡眠は生きていくためになくてはならない必須のものである可能性が示されました。

この遺伝子はなんとサイクルです。概日周期リズムの発振を行う遺伝子ですね。

ですから、この遺伝子の変異で睡眠にも変化が起きたことは、この二つの関係を調べている私には、とても興味深いことでした。ちなみに、サイクル以外のピリオド、タイムレス、クロックの変異は、断眠感受性に大きな影響を与えません。

遺伝子は、全身の細胞にそれぞれ全種類がありますが、それがｍＲＮＡに転写され、さらにタンパク質に翻訳されて、実際にどの細胞で機能するかは各遺伝子によって異なります。ある細胞の中で、ある遺伝子がタンパク質になって働いていることを、その遺伝子が「発現」していると表現しますが、サイクル遺伝子の発現を調べてみると、概日周期中枢以外にも多くの細胞で発現していました。

このことから、サイクル遺伝子の変異したショウジョウバエが断眠に弱くなる現象は、サイクルの概日周期制御とは別の機能によって起きている、つまり、概日周期の異常と、断眠に過敏になることには、直接の関係はなく、例外的な現象だと考えられています。

また、正常なハエは三〇日以上、動き続けさせても死なないという研究も発表されたため、ハエの睡眠は哺乳類とは異なり、生存に必須ではないと考えられています。

ハエと人間の睡眠は同じか――仮説としての「原始的睡眠」

さて、睡眠の意義を考える時に、ハエのような下等な動物でも、睡眠をとらないと死に至る可能性があるというのはとても面白い現象です。ただ、私自身はこの現象が高等動物の断眠による致死性に似ているとは考えていません。あくまで仮説ですが、下等動物の睡眠と高等動物の睡眠とは、役割の一部が異なっていると考えているからです。

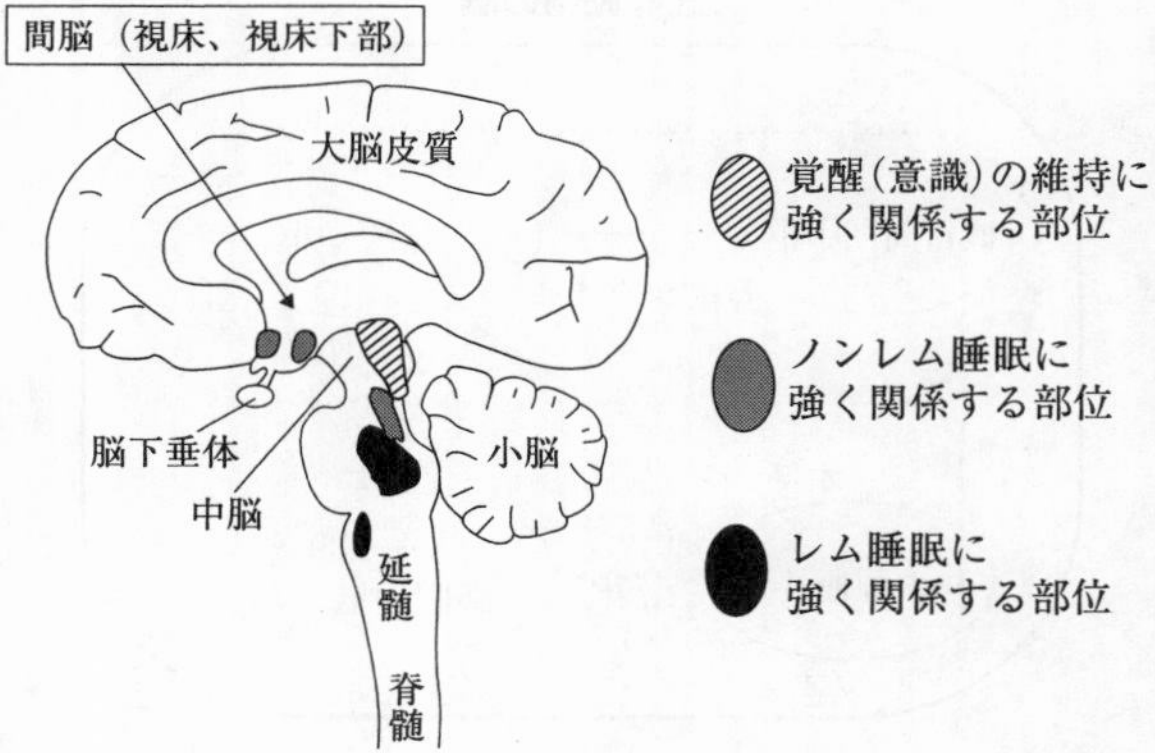

図15　睡眠と覚醒を作り出す脳

ショウジョウバエがじっとしている行動は、人間の睡眠に似ている面が多いので、ハエの睡眠と呼んでもよいでしょう。しかし、根本的な違いもあるので、似ていることだけを強調し過ぎるのもいけません。たとえば、ショウジョウバエが眠るとすると、ハエにも意識があるのか？　人間にはノンレム睡眠とレム睡眠という二種類の異なる睡眠があるが、ハエにもそのような違いはあるのか？　夢を見るのか？　という疑問がわいてきます。

哺乳類の脳には、覚醒状態（つまり意識）と、ノンレム睡眠、レム睡眠を司る部分が、三つ別々に存在します（図15）。これを、それぞれ覚醒中枢、ノンレム睡眠中枢、レム睡眠中枢と呼びます。これらは、それぞれがスイッチだと考えると簡単です。覚醒中枢のスイッチが入っていれば、

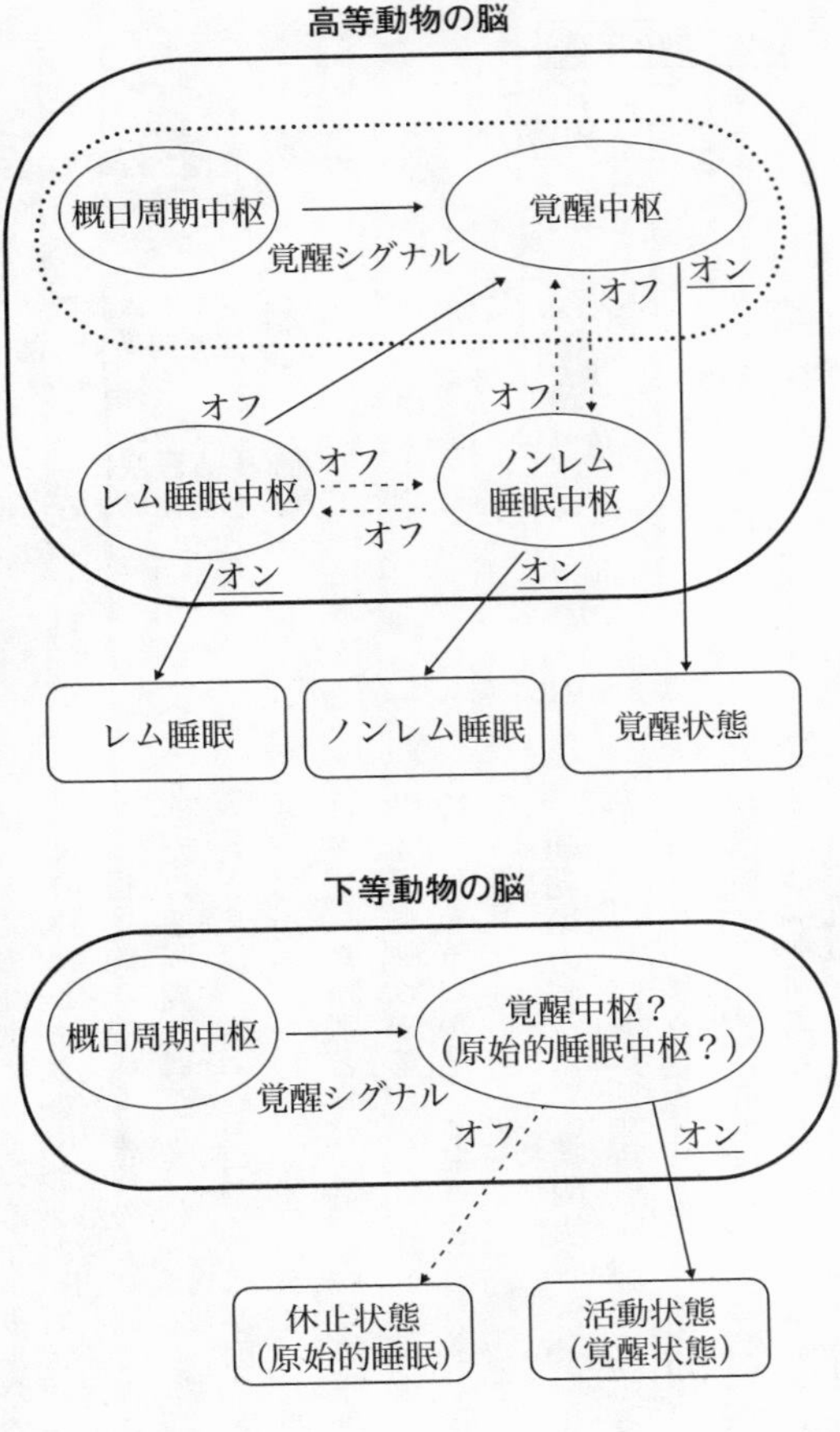

図16　脳の睡眠中枢の差

意識があって、目が覚めています。オフにすれば意識を失います。そして、ノンレム睡眠中枢のスイッチがオンになるとノンレム睡眠に、レム睡眠中枢のスイッチがオンになると、レム睡眠になるわけです（図16）。

意識があるまま眠ることは普通なく、レム睡眠とノンレム睡眠が同時に出現することもないので、これらの三つのスイッチはどれかひとつだけがオンになっています。ちなみに、意識を失っても睡眠ではないことはあります。昏睡状態が代表的な例で、単に意識を失うことと眠ることとは、高等動物にとっては異なります。

ここからは私の仮説ですが、ハエなどの下等動物の睡眠とは、人間で言えばこの覚醒中枢のスイッチがオフになっている状態だと考えています。つまり意識がボーッとして朦朧《もうろう》としたり、意識を完全に失っている状態と考えるのが適当です。とりあえず、これを本書では「原始的睡眠」と呼びます。

この原始的睡眠は、脳の中に覚醒中枢というスイッチが一つだけあれば作り出せます。人間の睡眠のように、それに加えて睡眠中枢を持つ必要がないのです。原始的睡眠は、脳の中の一ヵ所で制御できる機能で、レム・ノンレム睡眠とは関係なく生み出せます。

睡眠はどう進化してきたか

睡眠という行動を進化的に考えてみましょう。

昼と夜の世界の環境が大きく変わる中で、昼行性の生物は夜間、活動を停止して巣にじっ

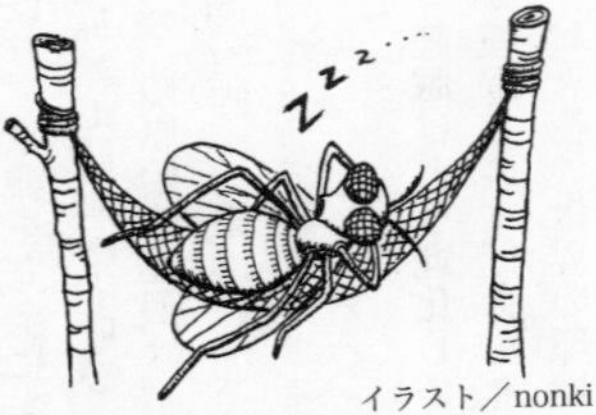

イラスト／nonki

ハエは「原始的睡眠」をとる

としているのが得策です。この時間帯は、外に出ても餌が見つからず、逆に天敵に襲われる危険性があります。もともと巣は比較的安全な場所に作るので、夜間は、じっとしていた方が外敵にも見つからず、エネルギーの節約にもなります。逆に夜行性の動物にとっては、明るい日中が危険な時間帯です。

そのため動物は、概日周期に合わせてじっとしている状態を作り出すようになり、じっとしている間は、必要最低限の神経などを除いて、細胞の「スイッチを切って」（これが原始的睡眠状態）、エネルギーを節約するしくみを作り出したのでしょう。そのため、この間は、外界からの刺激にも鈍感になります。なぜなら、刺激に敏感すぎると少々のことでも動いてしまい、かえって危険になるからです。

ところが、高等動物の場合は大脳が発達したため、じっとしている時間帯を、積極的に他の目的に使うことにしました。

覚醒中枢の働きが落ち原始的睡眠状態になっている間に、大脳の休息をしっかり取るために、別の中枢を使って、積極的に脳を休めるノンレム睡眠をしたり、脳の中で何らかの別の機能を行うレム睡眠を作り出したのです。ハエの研究者としては残念ですが、哺乳類はハエに真似できない高等な睡眠をしているとも言えます。

概日周期↓覚醒中枢というしくみまでは、ハエを含む下等動物でも発達しましたが、その先に睡眠中枢はありません。動物だけでなく、植物にまである「概日周期調節機構（概日周期中枢）」、ハエなどの下等動物にもある「覚醒と原始的睡眠調節機構（覚醒中枢）」、そして、高等動物のみに備わった「高等な睡眠調節機構（睡眠中枢）」が、進化的に順に発達してきたと考えるとつじつまが合います。

ですから、ハエも眠るのだろうかという質問には、覚醒中枢をオフにするという意味での原始的睡眠はあるが、高等な睡眠はない、だから、やはり人間のように眠ったり、夢を見たりするわけではないだろうというのが、私の正確な解答です。

ただし、これは今のところまだ仮説です。また、ショウジョウバエの原始的睡眠の制御機構と概日周期の関係などからは、哺乳類の睡眠に応用可能なことが、たくさんあると考えています。ですから、ショウジョウバエの睡眠研究を続けています。

「眠っている」と「動きを止めている」の境界線

ハエは脳波を記録できないので、睡眠状態を神経生理学的に定義することはできません。また、目をつぶったり、横になったりもしませんから、観察できるのは、赤外線行動観察装置を使って、動いているか動いていないかを記録することだけです。

では、どのくらいの時間動いていない時に「眠っている」のでしょうか。単に「動きを止めている」のとどこかで分けなければいけません。

最初にショウジョウバエの睡眠研究を始めた二つのグループも、この点についての明確な答えを与えていませんでした。実は現段階でも、この疑問の正解は不明です。それどころか、この二つの現象が質的に異なることの証明もできていないので、行動学的な類似点で眠っていると考えているだけです。

私は、この点について、もう少し詳細な行動のパターン解析でアプローチしたいと考えました。人間やマウスの睡眠の特徴を考えると、ショウジョウバエでも、何らかの最小睡眠単位があると類推されます。

ところが、ショウジョウバエの行動解析は従来、概日周期の視点からしか行われてこなかったので、私の目的とするような行動パターンを解析できるようなデータの解析ソフトはありません。コンピューターのプログラミングを学生時代からの趣味にしている私は、ショウジョウバエの行動観察装置から出力されるデータを取り込んで、活動と睡眠（休息）のパターンを詳細に解析できるプログラムを自分で開発しました。

それを使って、いろいろな種類のショウジョウバエを、異なる条件下におき、それまでより短い一分単位で行動を記録して、行動パターンを解析したところ、いくつかの示唆的な結果が得られました。

まず、気がついたことは、同じショウジョウバエでも、異なる系統には異なる行動パターンがあるということです。ショウジョウバエそのものは、基本的には世界中にいるもので同じ種類ですが、いくつかの異なる系統があります。また、もともと同じ両親由来でも、何年間も異なる研究室で飼育されると、少しずつ性状が違ってきます。

これは考えてみれば当たり前のことです。同じ人間でも、黒人・黄色人・白人と、「見た目」には違いがあります。そして、住んでいる環境や文化・伝統に応じて、行動様式も異なります。それと同じように、同じ種類のショウジョウバエにも、その中に多様性があります。

たとえば、ショウジョウバエを含む多くの昆虫は、昼と夜の境目である明け方と夕方に行動が活発になります。ただし、全体としてみれば、昼の明るい時間帯に行動が活発で、夜間はじっとしていますので、昼行性に分類されます。このパターンそのものは、これまで調べたどの系統でも同じでした。

しかし、特に夜間、じっとしている時間の長さが、系統によってかなり異なりました。

ヘンドリックスたちの使った系統を送ってもらって調べてみると、夜間、まとまったかなり長い時間じっとしています。具体的には、ほとんどのハエが、電気が消えて暗くなった後は、次の朝になるまで、せいぜい一回起きて活動するだけです。最低でも三〜四時間を一〜二回、長いものでは八時間くらい続けて、全然動かない時間があります。これは、人間の睡眠の状態によく似ています。

ところが、私の研究室で飼育している別の系統では、長い間じっとしていることが稀で、夜の間もときどき起き出しては動きます。完全にじっとしている時間は、長くても一〜二時間です。

ヘンドリックスは、睡眠の最短単位を三〇分という基準にしました。この基準でいくと、彼女の使っているハエは一日の半分以上眠っていることになります。しかし私たちの使っている系統にこの基準を当てはめると、一日で眠っている時間は、せいぜい四〜五時間しかなく、極端に短くなってしまうのです。

この二つの系統とも、一日の間にチューブの中を一〇〇〇回弱往復しますので、一日の総活動量は変わりません。そうすると、睡眠も同じ程度とっていると考える方が自然です。私の系統は、おそらく短時間の睡眠をばらばらに何度もとっていて、その間に少しずつ起きて動いているようです。これはマウスなどの睡眠の様子に似ています。マウスは、人間とは異なり、何時間も眠り続けることは稀で、ちょっとした刺激で起きてはまた眠る、という行動パターンをとります。

この二系統以外にも、いろいろ調べた結果、どの系統にもあてはまる事実が見つかりました。それは、休む時間の長さではなく、一度活動を始めると最低でも一〇分間以上（平均すると二〇分）は、活動を続けるということです。つまり、一度活動を始めたら、一〇分程度は活動時間があり、そのあと、さらに次の活動に入るか、あるいは一度活動をやめて睡眠（休息）をとるかのどちらかになるのだろうと考えられます。

このような結果などから、五分より短い時間だけ行動を休止している場合は眠っているとみなさず、五分以上完全にじっとしている場合のみ「眠っている」とみなしてデータ解析をすると、どの系統でも同じ程度の時間眠っていることになりました。また、一度活動を休止すると一五分程度じっとしていることが多く、おそらく、睡眠単位は一〇分から一五分だと推測されます。

今では、このような解析を元に、ハエの睡眠は、五分以上動かない場合という定義が、一般的に用いられています。

不眠症のハエがいた

このような観察をしている中で、私はまったく偶然に、ほとんど眠らない（休まない）ハエを見つけました。このハエは、二四時間観察していても五分以上じっとしていることがなく、一日中歩き回っているのです。

このショウジョウバエに、私は日本語の不眠という言葉から「フミン（fumin）」という名前をつけたのですが、このフミンの性質は遺伝します。正確には、両親がフミンのハエから生まれた子はすべてフミンになり、「フミン」のハエと「正常」なハエの子はすべて正常です。ところが、片方の親がフミンだった子供同士から生まれた「孫」ハエは、四匹のうちの一匹がフミンになります（これを常染色体性の劣性遺伝といいます）。メンデルの法則に従うわけです。

フミンの発見は、ビギナーズ・ラックでした。というのも、フミンは意識的に探し出したのではありません。

ショウジョウバエの研究を始めたばかりのころ、私はある二つの異なる系統を掛け合わせて新しい系統を作り、その行動の解析をしようと計画しました。ショウジョウバエの研究者は、このような目的で新しい系統を作る時には、普通、複数のオスと複数のメスを一本のビンの中で掛け合わせます（交配）。

オスとメスを分けるのは、もっとも基本的な操作で、間違えるはずのないことです。しかし、私はまだ初心者で実験操作に自信がなく、一匹のオスと一匹のメスだけを入れて掛け合わせるビンを一〇本ほど作りました。こうすれば、入れるオスやメスをどこかのビンで間違ってしまっても、残りのビンが使えるので、念のために分けたのです。理論的には、これらの一〇本から生まれる子孫は、全て同じ性質を持つはずですから、確認したあとに、最後に混ぜ合わせてもよいのです。

ところが、この一〇本から生まれた新しい系統のそれぞれから一匹ずつを、別々に行動解析してみると、九匹は予想通りの行動パターンだったのに、一匹だけ、とてつもなく変なやつがいたのです。この一匹だけは非常に活発で休みませんでした。

この実験の当初の目的は、新しい系統の性質を調べることだったので、「まともな方の九系統」の性質を調べるべきでした。研究室の同僚たちも、なんだかよくわからないものを調べても意味はないのではないか、私が何か間違えたのではという意見でした。

何よりも、睡眠の研究を目指している人間が、たった一〇系統の中から、睡眠に関係する面白い現象を発見するなんて、虫が良すぎると思ったにちがいありません。というのも、ショウジョウバエには一万四〇〇〇個ほどの遺伝子があり、睡眠に関係する遺伝子がいくつあるかはわかりませんが、少なくとも数千の系統を調べて、やっと何系統か面白そうな系統を見つけられることが普通だからです。

もちろん、私自身も最初は、偶然その一匹に何か異常があっただけかもしれないし、何か間違えただけかもしれないと考えていました。そこで、別の系統を使って研究は続けましたが、一応、この系統も捨てずに取っておきました。

それからしばらくして、もう一度、今度はもう少したくさん使って、この系統を調べると、やはりどの個体も非常に活動度が高いことがよくわかりました。活動度のグラフを印刷すると、普通は、白黒がしまうま模様になるのに、この系統は墨で塗りつぶしたように、真っ黒になるのです。

私はこの結果を見てかなり興奮したのですが、まだ同僚は懐疑的でした。

確かにこの段階でも、これが一つの遺伝子の異常で起きているかどうかはわかりません。少しずつ活動度が高くなる遺伝子の変異が偶然重なって、このような結果になることもありうるし、その場合、分離してみると、個々の遺伝子の影響はたいして大きくなく、調べてもあまりインパクトのある研究にならないこともあるからです。

ところが、その後さまざまな実験から、この結果が、たった一つの遺伝子の変異によって起きていることが証明できたのです。

この発見は、確かに一〇個だけからの発見なので、非常に運が良かったのですが、それに加えて、最初に私の行った実験が初心者的だったからこそできたものです。一〇個のペアに分けた実験を、もしはじめから普通に混ぜ合わせて一本のビンで行っていたら、おそらく気が付かなかったでしょう。

フミンの異常は、両親ともがフミンの異常を持っているときにのみ生まれます。ですから、一〇匹ずつのオスとメスを掛け合わせた場合には、一匹だけ混ざっていたフミンのオスと、やはり一匹だけ混ざっていたフミンのメスが、偶然交配したときしか異常を持つ子は生まれません。通常の実験手法ではオスとメスを集団で交配するので、フミンの子が生まれる確率は一〇〇分の一です。

そうすると発見すること自体難しくなります。また、そもそもフミンの異常を見つける目的で行われた実験ではないですから、なおさら気付きにくいはずです。

フミンの発見はまさにビギナーズ・ラックでした。

太く短い人生？

ハエの睡眠研究は今も発展中ですが、すでにいろいろな面白いことがわかってきています。

普通のハエの場合、五分間以上続けて休んでいる時間が、一日のうち六〇〜七〇％くらいを占めます。フミンではこの時間が極端に短く、一〇％以下しかありません。つまり、フミンはほとんど眠らないで、一日中歩き回っているのです。そのため、行動観察装置から出てくる運動の量は、普通のハエの三倍から五倍になります。

しかし、起きている時間あたりの運動量を比べてみると、フミンは普通のハエとほとんど変わりません。これまでたくさんの系統を調べてきた結果、どの系統も起きている時は平均して一分間に三回ほど、細いガラスチューブの中を行ったり来たりするのですが、この一分当たりの回数はフミンでも変わりません。つまり、フミンは他のハエと同じスピードで歩き回るけれど休まない、ということです。

ハエの寿命は二ヵ月程度ですが、研究室で飼育する場合は三週間に一度は新しい餌を与え、そこで次の世代が育つので、長期間飼育していると、どんどん世代が進みます。興味深いことに、フミンを発見して研究を始めた当時は、眠る時間が非常に短く、さらに寿命も短かったのです。ところが、長期間飼育しているうちに、少しずつ眠る時間が長くなり、寿命も伸びてきました。ハエは数十匹を同じ飼育管の中で育てるので、寿命が長いもののほうが有利で、生き残ってくるのだと考えられます。最終的に、最初一〇分の一だった睡眠時間は三分の一に、寿命は普通のハエと、ほぼ変わらなくなりました。しかし、面白いことに、餌のカロリーを増やすと、睡眠時間がまた短く、寿命も縮みます。やはり睡眠不足は、寿命に関係するようです。

フミンの寿命が短いことは、もしかすると、睡眠時間が短くなりつつある現代人に対する警鐘なのかもしれません。しかし、ずっと動いている分、普通のハエよりも倍くらいの活動をしているわけですから、「太く短く懸命に」生きているとも言えます。まあ、ハエの話ですから、拡大解釈はやめておきましょう。

ハエの研究から人間の睡眠を探る

さらに、フミンは、脳の中の神経細胞間で情報の受け渡しをしている神経伝達物質のひとつ、ドーパミンという物質の働きが異常に強くなっていることも、わかりました。

神経伝達物質にはアセチルコリン、ノルアドレナリンをはじめとして、多種多様な物質がありますが、それぞれがいくつかの特徴的な働きをしています。たとえば、アドレナリンは、交感神経系を中心に活躍する神経伝達物質なので、アドレナリンの作用が強くなると、血圧が高くなったり、鼓動が早くなったりします。

ドーパミンは、哺乳類である私たちの脳の中でも重要な働きをしていて、この働きが弱くなる病気としてパーキンソン病が有名です。そして、何よりも大切なことは、哺乳類でもドーパミンが睡眠の調節に深く関わっていることです。

たとえば、パーキンソン病では、脳の中のドーパミンの働きが減り、筋肉の硬直を伴う歩行障害や手の震えなどの症状が出ますが、それに加えて過眠傾向になります。そこで、ドーパミンの作用を強める薬を使って治療をしますが、今度はその副作用として不眠症になることがあります。

同様に、覚醒作用のあるアンフェタミンやコカインは、ドーパミンの作用を強くして眠気を抑えます。ですから、ドーパミンが睡眠・覚醒の調節に一役買っていることは確かです。その働きがハエの脳で強くなった時に、ハエも不眠になるというのは、まさに哺乳類で起きているこことそっくりなのです。

ショウジョウバエと人間は、同じ遺伝子を使って概日周期生物時計を作っています。そして、概日周期と睡眠は密接に関係します。しかし、ハエの「睡眠」の研究を一九九九年末に始めた時に、それが直接、人間の睡眠の研究につながりうるとは、楽観主義の私もさすがにあまり考えていませんでした。

睡眠は高次の脳機能であり、脳が発達した哺乳類などで必要になったと考える人が多いからです。実際、ショウジョウバエの「睡眠」に関するこれまでの研究は、単に「似ている行動」がある、という程度のものでした。

しかし、「不眠」のハエの研究から、睡眠についても、人間とハエは同じ物質や同じ遺伝子を使って制御している可能性が急速に示されつつあります。ということは、私たちは、生物時計だけではなく、睡眠についても、ショウジョウバエから学ぶことがあるようです。先に述べた仮説では、ハエの睡眠は原始的睡眠とでも呼ぶべきもので、私たちの「高等な」睡眠とは異なるのですが、同じ物質を使って制御している部分があるということは確かなようですから。

実際、私たちに加えて、たくさんの研究者がハエを使った睡眠の研究を進めました。その結果、ハエの脳の睡眠中枢と考えられる部分が解明され、さらに、その睡眠中枢を抑制する制御回路もわかってきました。やはり、ドーパミン神経が睡眠覚醒制御の中心を担っています。特に私たちが発見した二種類のドーパミン神経回路は、一つは直接的に、もう一つは間接的に睡眠中枢を制御して、睡眠覚醒状態を調節します。

また、哺乳類とハエで共通する睡眠制御遺伝子も多数見つかっています。その中では、私たちがハエで発見したNMDA型グルタミン酸受容体は、その後、マウスでも睡眠制御に重要なことが発見されました。逆に、マウスの睡眠変異であり睡眠時間が異常に長いスリーピーマウスの原因遺伝子として発見されたSIK3遺伝子は、ハエでも睡眠を制御することがわかりました。このように、時計遺伝子の時と同様に、ハエと哺乳類の研究が両輪で進んでいます。

次章では、人間の睡眠のそもそも何が謎なのかというところから考えていきましょう。

6章　睡眠の謎

未解明なことばかり

睡眠は誰もが毎日経験するとても身近な現象です。そして、私たちが人生の三分の一近くを費やすものです。しかし、科学的には未知のことだらけです。

睡眠の中でも、夢に関しては、非常に昔から多くの人が興味を持ってきました。しかし、「眠ることそのもの」については、昼行性の動物である人間の場合、積極的に活動できない暗い夜間に、日中の活動の疲れをとり、無駄なエネルギーを消費しないためにあるのだろうという程度の、消極的な意味しか考えられていませんでした。

脳についての研究が発展する中で、脳の各部分にいろいろな機能があることがわかってきたあとも、覚醒状態、つまり意識を維持する部分（覚醒中枢）は重要でも、そこが休んでいる時が睡眠だという程度の認識がしばらく続きました。

しかし、脳の生理学研究がさらに進むに従って、睡眠についても重要なことがわかってきました。たとえば、意識を司る場所とはまったく別の場所に、「睡眠中枢」というものがあり、ここが、睡眠を「作り出している」ということです。その証拠に、怪我や病気などで、この「睡眠中枢」に障害を受けた人は、不眠症になってしまいます。

このことは、脳の特定の部位を破壊することのできる動物実験で、より精密に調べられました。特に猫を使った実験で、レム睡眠とノンレム睡眠には別々の中枢があることもわかりました。

また、物質面では、さまざまな薬物が睡眠・覚醒に影響を与えることは、古代から知られていました。覚醒剤も生薬から作られますし、睡眠作用や鎮静作用を持つ物質は、さまざまな犯罪にも使われました。その類推から、脳の中でも眠る時に働く睡眠物質の存在が考えられました。

睡眠にどう切り込むか

基礎医学や生物学の研究の世界は、主に研究の方法によっていろいろな分野に分かれています。やや乱暴な分類ですが、人間の体をばらばらにして目や顕微鏡で見て観察するのは解剖学や組織学です。同じようなことを、病気を対象に行うのが病理学です。生きている動物の中で、たとえば血圧や体温がどのように調節されているかを調べるのが生理学で、生き物の体を作っている物質がどのようなものなのかを化学的に調べるのが生化学です。研究者の間でよく使われる冗談に、生きたまま研究するのが生理学者で、殺してしまってから研究するのが生化学者だというのがあります。

この分類で考えると、睡眠という「現象」を扱う生理学者は、睡眠そのものを観察したいと考えます。そこで、生きたままの猫に脳波の電極などを取り付けたり、時には脳の中にまで電極を差し込んで、脳の一部を壊してしまったあと、眠りがどうなるか、眠っている時の脳波がどうなるかなどを研究しました。

一方、睡眠に関係する「物質」を扱う生化学者は、睡眠を制御する物質を見つけたいと考えます。動物が眠くてたまらない時には、きっと脳の中で睡眠物質がいっぱいになっているに違いない。だから、強制的に眠らないように断眠した動物の脳の中には、睡眠物質が貯まっているに違いない。こんな発想をしました。そこで、断眠した動物の脳をすりつぶして、その中の物質を精製し、それを別の動物の脳やその周囲に注入して、眠気を誘発する物質を探したりしました。

このようにして、生理学者によって、脳の中のどの部分が睡眠に関与しているのかが詳細に記載され、生化学者によって、たくさんの睡眠物質とその候補が見つけられました。しかし、そのような努力にもかかわらず、現在のところ、本当に睡眠を調節するホルモンや生理的な睡眠の調節機構は、まだ解明されていません。つまり、眠くなった時には脳のどこの場所にどんな物質が増えて、その結果、脳のここがこうなるから眠いのだ、というクリアカットな説明はまだできていないのです。

実際、睡眠物質の候補は多数発見されました。たとえば、アデノシン、プロスタグランジンD_2などは、脳内に投与すると眠気を誘発することが示されています。しかし、これらの物質の量により睡眠の恒常性が保たれているわけではありません。今では、古典的な睡眠物質の概念を満たす物質は存在せず、睡眠の恒常性は、細胞内の変化によって保たれていると考える研究者が増えています。

さらに生理学者や生化学者とは少し異なった領域に、私のような分子生物学者も現れました。分子生物学は、生命現象を物質とそのもととなる遺伝子のレベルで説明しようとする学問で、物質を基盤にする意味では生化学にやや近い存在です。分子生物学者は、ある遺伝子をなくしてしまったり過剰にしたりして、遺伝子そのものを操作することで、ある生命現象に影響が出ることがわかって、やっと解明できたと考えます。分子生物学的な手法で、睡眠に関与する遺伝子は多数見つかってきていますが、まだ全容がわかったと言えるレベルではないようです。

レム睡眠とノンレム睡眠

さて、睡眠と一口に言っても、浅い睡眠、深い睡眠といろいろな段階が知られています。睡眠は脳波をもとに定義され、細かく分類されますが、その中で大きくノンレム睡眠とレム睡眠に分けることができます。

レム（REM＝Rapid Eye Movement）とは急速眼球運動のことで、眠っているのに眼球が激しく動いている睡眠状態です。眼球が動くといっても目は閉じたままです。不思議なことに、この時の脳波は、起きている時のものと似ていますが、全身の筋肉はぐったりと力が抜けています。動いているのは眼球（を動かす筋肉）だけです。レム睡眠は、このように変わった性質を持っているので、逆説的睡眠（paradoxical sleep）とも呼ばれています。初めて記載されたのは一九五〇年代のことです。

このレム睡眠以外の睡眠をまとめて**ノンレム睡眠**（非レム睡眠）と呼ぶわけですが、ノンレム睡眠は、さらに深さによって段階1から段階4の四つに分けられます。ノンレム睡眠は、脳のほうが眠る睡眠で、レム睡眠は脳が半ば起きていて体が眠る睡眠と考える人もいます。レム睡眠の時の脳波を見ると、起きている時に近い波形で、この時には夢を見ていることが多いことがわかっています。従来、レム睡眠は夢を見る睡眠だと言われていましたが、現在では、ノンレム睡眠時にも夢を見ることがわかってきています。

しかしここでは、レム睡眠＝夢を見て、脳は起きているのに近いけれど体はぐったりしている睡眠、ノンレム睡眠＝脳が眠る睡眠、と考えておいてください。

眠る時には、最初は浅い段階1のノンレム睡眠に入り、次第に深くなり段階4のノンレム睡眠に至ります（図17）。この深い睡眠を経過して、だんだん浅くなっていったあと、レム睡眠が認められます。そして、レム睡眠後、再びノンレム睡眠に移行して、また深くなることを繰り返します。

一回のノンレム睡眠－レム睡眠サイクル（これを睡眠周期とか睡眠単位と呼びます）が九〇分程度で、一晩のうちにこれを四～五回繰り返すのが平均的です。しかし、最初の睡眠周期と最後の睡眠周期は質的に異なっていて、段階3や4の深いノンレム睡眠が認められるの

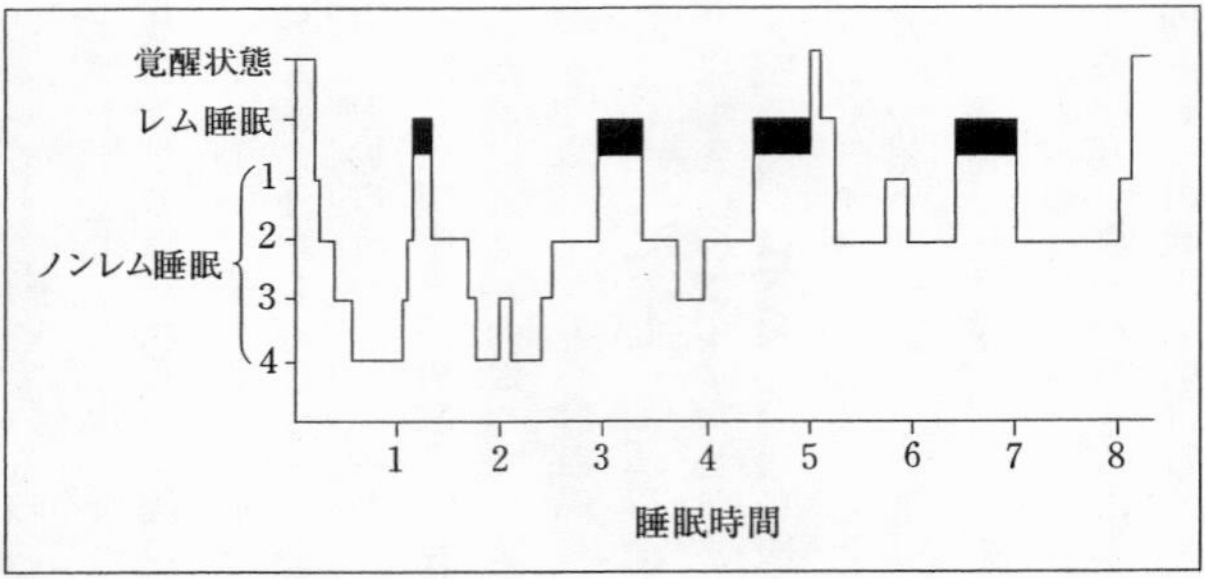

図17　睡眠のさまざまな段階

は最初のほうで、後半になるとノンレム睡眠は浅くなり、レム睡眠の時間が延びてきます。

このようにして人間は、夜の間に八時間程度のまとまった睡眠を取ります。睡眠周期を何回か続けて、八時間というような長い睡眠を連続して取るのは、人間の特徴のひとつです。多くの動物は、睡眠周期がレム睡眠で終わるとそのつど一度目を覚まして、それからもしまだ眠ることができる状況なら、新たに次の睡眠周期に入ります。また多くの動物は、睡眠周期が人間ほど長くありません。そのため、細切れに何回も睡眠を取ります。

このような一日に一回を原則とする人間の睡眠を単相性睡眠、動物のように何度も眠るのを多相性睡眠と呼びますが、人間も赤ちゃんの時には多相性で、睡眠は年齢とともに質も長さも変わります。

睡眠と脳波

睡眠の各段階は、脳波を調べるとよくわかります（図18）。

覚醒

β波、閉眼時はα波

ノンレム睡眠

段階1：α波の徐波化と、θ波の出現

段階2：紡錘波（スピンドル）と、K複合体の出現

段階3：2Hz以下のδ波が、20%－50%

段階4：δ波が、50%以上

レム睡眠

鋸歯状波、速波、急速眼球運動

脳波の形

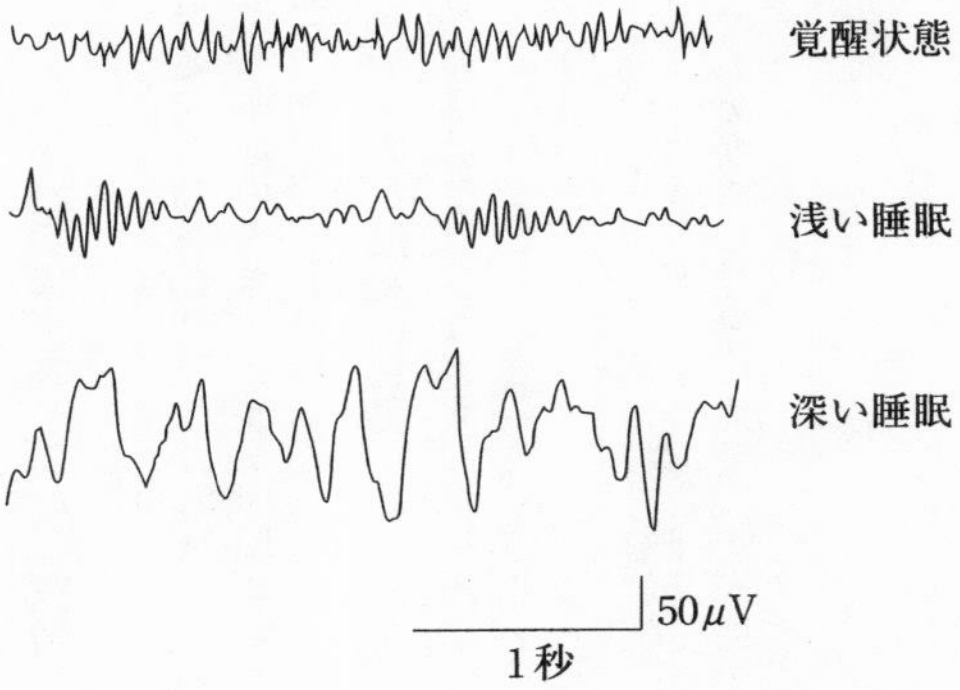

図18　睡眠の各段階の脳波

まず、起きている時には、速波という周波数が高い波（β波《ベータ》）が、全脳で不規則に出現します。ところが、目をつぶるだけでα《アルファ》波という規則正しい波が現れます。そして、眠りに入った瞬間に、α波よりもゆっくりした波であるθ《シータ》波が出てきます。これが段階1のノンレム睡眠です。

その後、紡錘波（スピンドル）やK複合体と呼ばれる特徴的な波形がみとめられると、段階2のノンレム睡眠に、さらに、より周波数が低く振幅の大きいδ《デルタ》波が出現すると、その割合に応じて段階3、段階4のノンレム睡眠と、深い睡眠になります。

睡眠の深さは、脳波だけでなく、外からの観察でもある程度は判定ができます。段階4の深い睡眠では、ほとんど体動がありません。呼吸の回数や深さなども、睡眠段階で異なります。レム睡眠の時は、まぶたは閉じていても外からわかるくらい速く眼球が動き、呼吸が非常に浅く、体動がほぼなくなります。

これは動物でも同じですから、ペットの犬や猫を見ているとどのような睡眠状態かがわかります。犬や猫は睡眠周期が人間よりも短く、一五分から二〇分の短時間で一回の睡眠周期を終えていることが観察できます。

究極の問い――なぜ眠るか？

人間を含めた動物は、なぜ眠るのでしょうか。

これは、睡眠に関するもっとも大きな疑問です。現在の睡眠の研究者は、究極的にはこの問いに答えたいと思って研究を続けていると言っても過言ではありません。

私たちは、一日の体の疲れを感じて横になる気がしますが、少なくとも、体の休息のためだけに眠るのでないことははっきりしています。もちろん、エネルギーの節約をしていることは確かですが、実は睡眠全体を通して考えると、眠るよりも静かに横になって目を閉じている状態のほうが、代謝率（エネルギーの使用量）は低いからです。体の休息もエネルギーの節約も、眠らなくてもできるはずなのです。実際、睡眠の大部分を占めるノンレム睡眠中、脳は眠っていますが、体のほうは、寝返りはしますし、軽く休んでいる程度の状態です。

ですから、現在のところ、睡眠は「脳の休息」の意味がもっとも大きいだろうと考えられています。実際、脳の代謝量だけを考えると、睡眠中は覚醒時よりかなり少なくなっています。

また、まぶたを閉じたりして、外部からの情報を遮断するのも、脳を休めるためには役立ちそうです。海の中に棲むイルカの場合は、眠ると溺れてしまうために、脳の片側ずつ器用に眠ることができますが、眠っている側の目は閉じているようです。

しかし、睡眠が「脳の休息」だとすると、脳が覚醒時以上に活発に活動しているレム睡眠の意義は何なのでしょうか。レム睡眠についてはあとでもう一度詳しく扱います。

余談ですが、睡眠中は、ノンレム睡眠中もレム睡眠中も、デフォルト・モード・ネットワーク（DMN）が活性化していることが知られています。DMNは、覚醒時のぼ〜っとした状態で活性化するネットワークで、何かの作業をしたり、会話をしている時には、抑制されます。覚醒時でも、何かを、ひらめきで思いつくのは、DMNが活性化している状態とされていますので、睡眠中に、このネットワークが活性化していることは、睡眠中にも何かを思いつくことがあることを示唆しています。

断眠実験

なぜ眠るのか。そのことを考えるために、多くの研究者が動物や人間を使って、睡眠を取り去る「断眠実験」を行ってきました。その結果、ノンレム睡眠とレム睡眠の両方を完全に取り去ると、多くの動物（人間も多分そのようです）が、一週間から長くても数週間以内に死亡します。そのため、睡眠は生存に必須と考えられています。

このとき、動物は極度の疲労状態になり、衰弱して多臓器の不全で死亡しますが、断眠で直接的にもっとも障害を受けるのは、免疫系だろうと考えられています。これは、短期間の断眠実験のあとにさまざまな体の機能を調べてみると、免疫系という体を守る機能だけが、特に障害されているという研究があるからです。

また、レム睡眠は、通常ノンレム睡眠が出現した後に出現するため、ノンレム睡眠をなくしてレム睡眠のみを観察することはできません。しかし、選択的にレム睡眠だけを取り去るような実験は可能です。ただ、レム睡眠の場合も、レム睡眠だけを取り去っていると、だんだんノンレム睡眠からレム睡眠に移行するまでの時間が短くなり、しまいには睡眠直後にレム睡眠が出現してしまうようになるので、完全にレム睡眠だけを取り去ることもやはり難しいのです。

このように、ノンレム睡眠とレム睡眠をそれぞれ選択的に取り除く実験はなかなかやっかいです。

それではノンレム・レムを合わせた完全な断眠実験は可能でしょうか。寝かさなければよいだけなら、簡単にできそうです。しかし、これもまた困難を伴います。

断眠実験で動物を起こしておくためには、刺激を加えないといけません。特に死亡してしまうほどの極端に長い断眠実験では、かなり強い刺激を加えないと眠ってしまいます。すると、刺激によるストレスがどうしても避けられません。ようするに断眠実験の結果が、本当に眠らなかったせいなのか、眠らせないために与えたストレスによる悪影響なのかわからなくなってしまうのです。

そこで、睡眠の研究者は実にさまざまな装置を考えて、実験をしました。

初期の実験では、ネズミなどの動物が、眠ってしまって動きが止まると、電気の刺激が加わるようにしましたが、これでは強いストレスになります。

工夫の結果、たとえばこんな装置が作られました。水の上でゆっくり回る回転台に、動物をのせます。回転台上には動かない板を設置してあります。この状態で動物が眠ってしまうとこの板にぶつかり、回転とともに押し出されて水に落ちるのです。動物は水に落ちるのが嫌なので、体が板に触れると飛び起きるようになります。この場合、板に触れることそのものは、痛みや電気ショックなどと違って大きなストレスとはならない、というわけです。さらに、レム睡眠やノンレム睡眠だけの選択的な断眠実験では、動物に脳波計をつけて、脳波で睡眠ステージを記録して、レム睡眠に入った時だけこの台が動くようにしておきます。

致死的な不眠症

完全な断眠は、人間でも致死的になると書きましたが、実際には、睡眠が足りなくなれば、必ず人間は眠ってしまうので、普通、不眠症で死ぬことはありません。病院でも、不眠症を心配し過ぎる患者には、この病気で死んだ人はいませんから大丈夫ですよと話すことがあります。しかし、実はこれには例外があります。

致死性家族性不眠症（ＦＦＩ＝Fatal Familial Insomnia）という病気です。非常に稀な病気ですが、この病気はプリオン病という特殊な病気のひとつのタイプです。プリオン病そのものも、書き始めれば一冊の本になってしまうくらい興味深いものですが、ここでは、脳の中に、異常なタンパク質（プリオン）が貯まって、脳の神経の機能を徐々に破壊してしまう病気だという説明にとどめます。

この異常プリオンは、脳のいろいろな場所を破壊するので、運動麻痺・認知症などの症状が前面に出ることもあります。そして、病気の初期に睡眠中枢が破壊されやすい家系があるようで、その場合、ひどい不眠症になり、破壊が進むとその他の神経症状も出現して、最終的に死に至ります。そこで、このタイプのことを致死性不眠症と呼びます。

プリオン病は、多くの場合、プリオン遺伝子に異常があって起きるので、家族性に発症しますが、いわゆる狂牛病（BSE）やクロイツフェルト・ヤコブ病でも有名なように、感染で起きたり、原因不明で突発的に起きることもあります。一九九九年には、この致死性家族性不眠症とよく似た症状で、遺伝性ではない症例の報告もされ、孤発性致死性不眠症（SFI＝Sporadic Fatal Insomnia）と名付けられています。

また、このように珍しい病気だけではなく、不眠症の原因がうつ病の場合は、うつ病の患者は自殺率が高いので、不眠を苦痛に自殺してしまうこともありえます。ですから、不眠症では死なないなどと、本当は軽々しく言えないのです。

覚醒と睡眠のはざま

医学・医療の領域で生と死を語る時に、一番問題になるのはその境界領域です。脳死問題が代表的です。境界領域には常にさまざまな問題があり、その解答を追究することが、時には全体の問題をはっきりさせることもあります。

睡眠の場合も、覚醒と睡眠の境界の部分に少しグレーゾーンがあります。たとえば、完全に目が覚めている時でも、まぶたを閉じるときれいなα波が出現します。これは、視覚からの入力が遮断されるだけでも、睡眠の準備状態に入れることを示しています。しかし、目を開けていても人間は眠ることができます。たとえば、寝不足が続いて非常に眠い状態の時に、目を開けて何かを見ていたつもりでも、一瞬眠ってしまったような気がする経験をしたことのある方は多いでしょう。ひどい時には、歩きながら一瞬眠ってしまうこともあります。

この時、脳波を記録していると、最短では数秒という単位で睡眠時に特徴的な脳波を検出することができます。また、このような一瞬の睡眠が本当に睡眠と考えてよいのは、睡眠の特徴に書いたように、刺激に対する反応性が落ちている点でも明らかです。睡眠の状態の脳は、見方によっては、外部からの刺激を自ら遮断しているとも考えられますので、たとえ一瞬でもこうやって眠った時には、目の前に何かを見せたり、話しかけたりしても、本人は記憶していません。

通常、覚醒と睡眠のはざまと考えられる状態が認められるのは、睡眠不足がかなりひどいときです。運転中などにこういう状態に陥ったら、非常に危険です。

ある時、睡眠ポリグラフィー検査という睡眠の記録をする実習を、学生に実験台になってもらって行っていました。睡眠ポリグラフィーは脳波をはじめ、さまざまなモニターを体に取り付けて眠ってもらい、睡眠の様子を医学的に解析する検査です。

被験者の学生の頭などに電極を装着後、テレビ画面にその学生の脳波を映し出しました。目をつぶると脳波の中にα波が出ますので、その説明をするために、椅子に座った被験者の学生に、目を開いたり閉じたりしてもらっていたところ、いきなり、段階2の睡眠の特徴である紡錘波（スピンドル）がたくさん現れました。参加者が気付いて学生を見ると、首ががくっと……。

前日の夜更かしがたたったのでしょう。昼間の明るい室内で、たくさんの参加者が見ているうえに、頭や体にいろいろな電極などを付けられて椅子に座ったままなのに、この学生が瞬間的に居眠りをしたのがすぐわかりました。この実習は機械の使い方の説明が目的で、睡眠時脳波を説明する予定はなかったのですが、思いがけず睡眠時の脳波の実物を見せることができました。

これは覚醒中に突然睡眠状態に陥ったケースですが、逆に睡眠中、特に段階1、2の浅い睡眠中に秒単位の短時間の覚醒が見られることもあります。8章で紹介する睡眠時無呼吸症候群の患者に多いものですが、こちらは睡眠中のことなので、本人はほとんど覚えていません。

年齢とともに変化する睡眠

赤ちゃんは一日中眠っていることのほうが多くて、高齢になると朝早く起きるようになる、というのは誰でも知っています。しかし、その間の年代でも、睡眠は年齢とともにどんどん変化しています。

成長に伴う平均的な睡眠パターンの変化を見てみると、まず、新生児にははっきりとした日内周期が認められません。だいたい三～四時間ごとに眠ったり起きたりを繰り返します。

しかし、首の据わる三ヵ月くらいになれば、もう昼と夜のリズムがはっきりしてきて、大人のようにずっと起きていたりずっと眠っていたりということはまだなくても、昼には長く起きているようになります。

一歳ごろから、一度眠るとほぼ朝までぐっすりと眠るようになり、成人と似たパターンになりますが、夜間の睡眠が長いことと午睡を一～二回とる点で異なります。その後、四歳くらいから午睡を必要としなくなり、夜間に一回のまとまった睡眠をとるようになります。

昔の研究によると、思春期の睡眠時間が八時間くらいで、その後、直線的に徐々に減り続けていきます。しかし、八〇歳以上の超高齢者になると、午睡が増えることなどから、逆に睡眠時間が少し伸びるようです。昔の研究と書いたのは、現在は、特に中学生から高校生にかけての睡眠時間が短くなっていて、この傾向が日本では非常に激しいからです。これは、ライフスタイルの変化により、生物学的に自然な睡眠時間を、確保することができなくなった結果と考えられます。

現代の日本人の年代別の睡眠時間は、〇歳から一八歳くらいまで短くなりますが、二〇代前半で少し長くなり、その後、四〇代から五〇代が最短になります。その後は年齢とともに長くなっていきます。日本は大学受験があるので、一八歳前後の睡眠が、とても短くなるようです。

また、睡眠は「長さ」だけでなく、ノンレム睡眠の深さやレム睡眠の量などの「質」の面も重要ですが、この点でも加齢は大きく影響します。前述したように、睡眠はノンレム睡眠とレム睡眠のセットを繰り返しますが、小児では特に一回目のノンレム睡眠で、非常に長い（時には一時間以上）段階４の深睡眠が認められますし、三回目、四回目の睡眠単位でも段階4のノンレム睡眠が認められることが多いようです。また、途中で目を覚ましてしまう中途覚醒もほとんどありません。

三〇代以前の成人では、二〜三回目の睡眠単位まで深睡眠があり、また明け方近くのノンレム睡眠でも、段階2の比較的安定した睡眠が認められます。しかし、それ以後、深睡眠の割合は減り続け、明け方の睡眠は段階1のノンレム睡眠やレム睡眠などの非常に浅い睡眠ばかりになり、朝早く目が覚めるようになります。

老化の最初の兆候として、物忘れしやすくなったとか、肌のつやがなくなった、白髪が出てきたなどいろいろなことが挙げられますが、睡眠研究者の間では、朝、以前よりもすっきり目が覚めるようになって、起きるのが辛くなくなったというのが、もっとも早く認められる老化の兆候だとよく言われます。

さらに高齢になり、六〇代、人によっては五〇代で、段階4の深睡眠はほとんど認められなくなり、睡眠単位も不規則になってきます。睡眠単位と睡眠単位の間の段階1のノンレム睡眠やレム睡眠が非常に浅くなり、ちょっとした刺激で目が覚める中途覚醒が多くなります。

この年代では、夜間の睡眠だけではやや睡眠が不足するためか、午睡をする人も増えてきます。睡眠と生物時計の関係で、午後に眠気の強くなる時期があるというリズムの特徴と夜間の睡眠が浅くなることから、歳を重ねたら午睡することは自然の摂理にかなっていると言えます。

理想の睡眠時間

さて、どのくらいの時間眠るのが理想的なのでしょうか。これも一筋縄では答えられない難問です。

そもそも睡眠をとることの意義が、まだはっきりしていません。だから、どの程度の時間の睡眠をとる必要があるか、具体的に答えられないのです。たとえば、仮に八時間の睡眠が良いとして、七時間で毎日を過ごしていたら、本当にそれが悪いことなのか、逆に九時間眠るとどうか、という問いに対する答えがないのです。

統計的には、アメリカの大規模な研究で、従来言われていたものよりやや短めの七時間の睡眠をとっている人がもっとも長生きで、八時間以上の睡眠をとっている人のほうが、やや平均寿命が短いという結果が出ています。しかし、この統計は、「長く寝すぎると寿命が短くなる」ということを意味しているのではないと、私は考えています。

ひとつには、睡眠時間は年齢とともに短くなっていきます。ですから、長生きをすればするほど短い睡眠時間の人も増えることになるので、原因というより結果の部分もあるからです。また、アメリカでは、あとに述べる睡眠時無呼吸症候群の患者の割合が日本より高いのです。この病気の人は、本人は長く眠っているつもりでも、実際にはきちんと睡眠がとれておらず、また命にかかわる病気も増えますので、短命になる確率が高まります。この統計に、このような人が含まれていれば、睡眠時間が一見長い人に、病気が多く短命な人がたくさんいることになります。

ですから、寝過ぎは悪いという根拠は、今のところないと考えたほうがよさそうです。では、短いほうについてはどうでしょうか。

どの程度が最低限の必要量かについてはなかなか難しいのですが、十分な量については、日中の眠気がひどくならない程度と考えることができます。眠気の強さは、何分で眠ってしまうかという睡眠潜時（sleep latency）の検査で、日中の睡眠潜時が五分以下だと眠気が強過ぎるというように、ある程度定量的な定義が可能です。

そして、このような十分な睡眠の量は、「個人差」「年齢」「日中の活動度」「体調」などでかなり大きく変化します。平均的には、年齢とともに睡眠時間は短くなっていくわけですが、この変化も、それが短い睡眠で足りるようになったということなのかどうかはわかっていません。目安としては、二〇代では約八時間、四〇～五〇代では約七時間程度の睡眠時間が平均ですが、日本人の場合、国民の平均睡眠時間はこれより一時間程度短くなっていま す。だからといって、以前の長さのほうが良かったと言い切る根拠もないのです。というのも、日本人の睡眠時間は、先進国の中で最短レベルですが、平均寿命はトップクラスだからです。

ということで、理想的な睡眠時間は一概に言えません。自覚的な基準として、朝、気持ちよく目が覚め、日中、眠気がひどくならない程度の睡眠時間がとれていれば良いと、私は考えています。

午睡ノススメ

日本には、大人が職場で正式に午睡をとる習慣がほとんどありませんが、熱帯・亜熱帯の暑い国や、ヨーロッパでもやはり南のほうの国では、午睡をとるのが一般的な国がありま す。シエスタ(午睡をとる昼休み)という言葉を御存知の方も多いでしょう。日本は、残業がおそらく世界でも一番長い国のひとつで、睡眠衛生が問題になりますが、最近、午睡の効果についていろいろな研究がされています。

産業医学総合研究所の高橋正也氏らの研究によると、午睡を上手にとることで、午後の仕事の効率を上げて気持ちよく働くことができるようです。大切なのは、気持ちいいからといって長時間眠らないことで、一五分から長くても三〇分までが良いそうです。それ以上長く眠ってしまうと、睡眠段階が深くなりすぎて、起きたあと完全に覚醒して作業効率が元通りになるまでに時間がかかってしまいます。

また、午睡からすっきり目覚めるためにいくつかの工夫が推薦されています。コーヒーなどを飲むのなら、午睡する前のほうが良いというのもちょっと気がつきにくい工夫です。目を覚ましてから飲むと、吸収されて効果が出るまでに時間がかかりますが、昼寝をする直前に飲めば、ちょうど効いてきた頃に目が覚めるからです。

カオス状態

レム睡眠時は覚醒している時よりも脳が活発に動いています。睡眠が「脳の休息」であるとすると、これは奇妙です。ではレム睡眠は何のためにあるのでしょうか。まず、その特徴を整理しておきます。

第一に、レム睡眠はノンレム睡眠のあとにしか起きません。つまり、眠いなあと思ってベッドに入ったあと、いきなりレム睡眠になってしまうことは稀です。このような寝入りばなのレム睡眠をSOREM（sleep-onset REM＝入眠時レム）と呼び、8章で詳しく述べる、ナルコレプシーという病気の患者によく見られるので、この病気診断のひとつの根拠になっています。寝入りばなの、うとうとした時に夢を見てびっくりして起きたという経験をしたことがある人は多いと思いますが、これはほとんどの場合、レム睡眠ではなく浅いノンレム睡眠で見る夢のようです。

しかし、ナルコレプシー以外でも、睡眠が障害された時には、SOREMが見られることもあり、睡眠障害の診断をするうえではひとつの手がかりになります。また、レム睡眠だけを選択的に阻害するようなことをすると、やはりSOREMが見られるようになります。

第二に、脳は活発に活動していて、全体の活動度は覚醒時よりも高いことが挙げられます。

レム睡眠時の脳波を見ると、不規則な速波が活発に記録されて、まるで起きている時のようです。さらにいくつかの研究によると、脳の中で活動している神経細胞の数そのものは、覚醒時よりもレム睡眠時のほうがかえって多いくらいだそうです。しかし、神経細胞同士のつながり（連係）は弱まっていて、それぞれが不規則に活動している状況だといいます。

この状態を東北大学の山本光璋氏は、次のような比喩《ひゆ》で説明しました。目を覚ましている覚醒時というのは、学校の授業中です。先生が前にいて、だれかが意見を言っていて、他のクラスメイトは黙って聞き入り、その意見に対してすぐにコメントを言ったり、行動を起こしたりすることができる状態です。

これに対して、レム睡眠は休み時間にあたります。先生はのんびりして、生徒がてんでばらばらに、わいわいがやがや話しています。走り回ったり、活動している人は多いのに、全体としてはカオス状態で、意見をまとめたり、全体で行動したりできない状態です。

ノンレム睡眠では、多くの生徒が昼寝をして、（呼吸筋などを指導する）先生だけが起きています。

抑制が働かない

さて、学校の休み時間がレム睡眠だとすると、これは何らかの抑制がはずれていると見ることができます。脳の神経細胞には、興奮性の神経細胞（身体・精神活動を活発にする方向に働く）と抑制性の神経細胞（他の神経細胞を抑えて制御する）の二種類があります。レム睡眠中は抑制性の神経細胞の機能が弱くなっているわけです。

同じようなことが、お酒を飲んで酔った時にも起こります。アルコールは少量でも、基本的には、神経細胞の活動を抑えるものですが、軽く酔った程度の状態の場合、脳の中では抑制系に働く神経細胞の働きが先に抑えられてしまいます。その結果、お酒に酔うと興奮状態が引き起こされるのではないかと考えられています。もちろん、興奮性の神経細胞までが完全に抑えられてしまうほど泥酔すれば、今度は脳の活動全体が抑制されてきわめて危険な事態になります。

なお、抑制系の神経細胞は、脳の高度な情報処理にも重要と考えられています。「レインマン」という映画で、ダスティン・ホフマンが、知的障害を持つにもかかわらず、爪楊枝が何十本も床に散らばった時に、瞬時にその本数を数えてしまったり、トランプを何組も使ったポーカーをやっている時に、それまで出たカードをすべて記憶できる男を演じました（サヴァン症候群の特徴的能力です）。また現実にも、難しいピアノの曲を、一回聞いただけですぐ暗譜して弾けてしまうという人がいると聞きます。

このような能力は、多くの人に本来ある程度備わっているはずです。しかし、単純な情報の入力に対して高度な情報処理をするのが、人間の発達した脳なので、単純な情報を単純な形のまま処理することができなくなっている。これが、普通の人がこのような能力を発揮できない理由ではないかと考えられています。

何らかの原因で、高度な情報処理への神経回路が阻害されたり、抑制が解除されることで、こうした能力が解放されるということです。医学的な裏付けはまだない推論ですが、夢の中で突拍子もないアイデアを思いついたりすることがあるというのも、このせいかもしれません。

目がきょろきょろ動く

話をレム睡眠の特徴に戻します。

第三に、レム睡眠中は、目の筋肉と呼吸をする筋肉以外は完全に弛緩《しかん》しています。

このような弛緩が起きる脳内のしくみは、まだはっきりわかっていません。しかし、いくつかの抑制系のシステムが働いていることは確かです。脳は活発に活動しているので、弛緩していない目はきょろきょろ動き回っています。このとても速い目の動きが特徴になるからこそ、この睡眠をレム睡眠と呼ぶわけです。目をつぶっていても光は入りますから、外敵からの防衛のために、目だけ起きている状態にしているのでしょうか。理由はまだ不明です。

第四に、筋肉を弛緩させるしくみに異常が起きると、レム睡眠中に体が動いてしまいます。

レム睡眠中は脳が活発に活動をして、夢を見ていることも多いのですが、このような状態になると、夢で見ていることを現実のことだと思ってしまうようです。本人はまったく自覚も記憶もなく、家の外に出てしまったり、横で寝ている人を殴ったりという、本人も家族も大変に困る症状が出ることがあり、これをレム睡眠行動障害と呼びます。

この病気は医師の間でも、あまり知られていないのですが、けっして少ない病気ではなく、高齢者には時々見られます。また、この病気は、潜在意識にある行動が現れると考えている人がいますが、それは間違いです。レム睡眠中の脳はカオスの状態ですから、その行動に何らかの一貫性を見出すことはできません。なお、子供に多く認められる夢遊病は、ノンレム睡眠（深い睡眠）の時に起きますので、これとは異なるものです。

金縛り

第五に、レム睡眠中に覚醒すると、金縛り（睡眠麻痺）が起きます。

レム睡眠は、ノンレム睡眠が一度深くなって、浅くなってきた時に認められるものです。もともと覚醒時にかなり近い脳の活動もありますので、いろいろなきっかけでレム睡眠中に目が覚めてしまうことがあります。このような場合、体の筋肉は完全に弛緩しているので、目が覚めた瞬間は体を動かそうと思っても、すぐには動きません。まるで、体を何かで縛り付けられたような感じがします。俗に「金縛り」と呼ばれる睡眠麻痺は、このようにして起きます。

睡眠が浅くなるような原因がある時や、ナルコレプシーなどのようにいきなりレム睡眠が現れる場合に、睡眠麻痺は多くなります。

第六に、レム睡眠は、ノンレム睡眠とは別に必要量が決まっているようです。

この点では、レム睡眠を発見したクライトマンとデメントらが、人間を対象にさまざまな面白い研究を行っています。たとえば先述のように、脳波を測りながら、レム睡眠になると被験者を起こして、レム睡眠だけを取り去る実験をすると、最初は、ノンレム睡眠が深くなったあとにしか出現しなかったレム睡眠が、だんだん眠った直後に出現するようになるのです。こうして最終的には、レム睡眠だけを取り去ることができなくなります。つまり、レム睡眠をさせないとノンレム睡眠もなくなってしまうのです。これを彼らはレム圧力と名付けました。

このことから、レム睡眠にはノンレム睡眠では代替できない機能があることが示されます。

夢の個数

レム睡眠について書いたついでに、ここから少しだけ、夢のことを見ていきましょう。まず、夢は一晩に何個くらい見ているのでしょうか。

レム睡眠の時だけでなく、ノンレム睡眠中も夢を見ていることがわかっていますが、やはりレム睡眠中のほうが、数が多いのは確かです。レム睡眠は、普通、一晩に三〜四回、時間にして一時間弱あると考えられます。ほとんどの場合、夢を見たことを覚えているのは、明け方起きる直前の夢であることが多いので、夢はせいぜい一〜二個しか見ないと思う人が多いようです。

しかし、いくつかの研究から、誰でも毎晩、少なくとも十数個、多ければ一〇〇個以上の夢を見ているようです。普通、夢は最後の一個しか覚えていないのですが、訓練することにより、もっとたくさん覚えていたり、記録したりできるようにもなるそうです。夢を見たときに、夢の中の自分が「あ、これは夢だ」と気がつく訓練をして、目を覚ましてその夢の内容を記録するわけです。夢だと自分で気づく夢を明晰夢と呼びます。

精神分析学者ユングは、夢によって精神分析することを提唱したため、ユング派の心理学者は、自分の夢を記録する訓練をして、一晩にたくさんの夢を記載しています。私自身、最初はこの話に対して半信半疑でしたが、確かに夢を見ているときに、それが夢だと知っていることもありますね。一晩に数十個の夢を見るという数字は、このような人たちの研究結果をもとにした数字です。ただし、一般的には、一晩に数個という数字をあげることも多いようで、これは連続して内容の異なった夢を見た時に、別のものと数えるかどうかなどの差にもよります。

なぜ夢を見るのか

ところで、なぜ夢を見るのでしょうか。この問いはレム睡眠にはどんな意義があるのかという疑問にも通じるものです。

これについては動物を使った面白い研究があります。ちなみに人間以外の動物でも、脳波をとるとノンレム睡眠・レム睡眠が認められるので、夢を見ているだろうと想像されます。まず、二グループのネズミにある学習をさせて、片方のグループのネズミは、学習後、しっかり眠ることができるような環境にしてやります。もう片方については、実験後しばらくの間眠らないように、無理やり起こしておきます。すると、きちんと眠れなかったグループのネズミは学習効果が落ちて、学習したことを翌日まできちんと覚えていられなかったりするのです。

さらに面白い研究として、まず、脳の中の記憶が作られる場所（海馬《かいば》）にたくさんの細い電極を差し込んで、この部分の神経細胞の記録をとれるようにしたネズミを十字状の通路の中で飼います。すると、この十字路の中の、特定の場所にいる時だけ反応する神経細胞が見つかるようになります。

つまり、Aという場所にいる時だけ活動する神経細胞があり、同じようにBとCにいる時に反応する細胞も見つかったのです。このような「場所を覚えている神経細胞」のことを場所細胞（プレース・セル place cell）といいます。場所細胞の発見には、二〇一四年にノーベル生理学医学賞も与えられています。

ここでは、このネズミに次のような学習をさせます（図19）。十字路の中のAにネズミを置いて、Bに餌を置くのです。初めのうちは、ネズミはCやDなどいろいろなところを歩いたあと、餌を見つけますが、同じことを数回続けると迷わずAからBの餌の場所に行くようになります。この時、脳の場所細胞は、当然、A↓Bという順に反応を示します。

面白いのはここからで、このような学習をさせたあと、ネズミを寝かして観察していると、レム睡眠に入ったところで、この場所細胞がA↓Bの順に活動を始めるのです。どうやら昼間やって「味をしめた」道筋を、眠っている間に「夢で思い出している」らしいのです。

こうして、夢を見ることは、起きているときに学習したことを復習するものである可能性

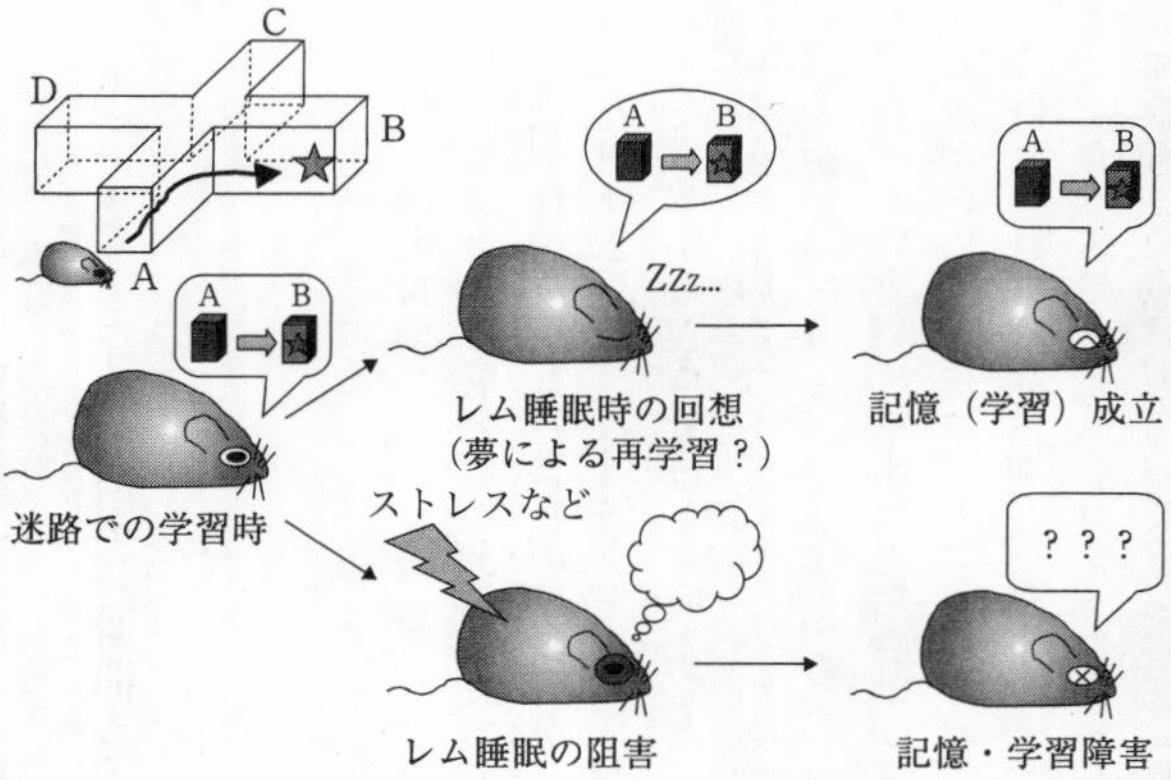

図19　レム睡眠中の夢の中での復習

が示されました。

このように睡眠中に覚醒時の脳の活動が再生されることを**リプレイ**と呼びますが、その後の研究の進展で、リプレイは、実はレム睡眠中だけではなく、ノンレム睡眠中にも起きることが示されました。またリプレイは海馬だけではなく、大脳皮質でも起きることもわかり、現在では多くの種類の記憶には、ノンレム睡眠の方が重要なことが示されていて、レム睡眠とノンレム睡眠が、記憶についてそれぞれ少し異なる役割を持つことがわかっています。

次の章では、睡眠と生物時計の関係を見ていきましょう。

7章　生物時計は睡眠をどう制御しているか

眠気と睡眠負債

私たちは食べる量をどのように決めているでしょうか。カロリー計算をして、きちんと決めた量を食べる人もいますが、お腹が空いたから食べ始めて、お腹がいっぱいになったらやめる人がほとんどだと思います。

ただ、昔から腹八分目と言いました。栄養に不自由せず、高カロリーの食物が多い現代では、完全に満腹になって、もう一口も食べられないような状態になることは良くないと、多くの人が知っています。ですから、「自制心」である程度のコントロールはします。しかし、食べたいという欲求である食欲が、食べるという行為ではもっとも重要です。

食欲がどのようにコントロールされているかを考えてみると、食後時間が経って、お腹が空っぽになれば食欲は増し、食事をとって胃の中が満タンになれば食欲が減ります。このように、食べる量が食欲をコントロールし、食欲が食べる量をコントロールしています。

睡眠もこの点は似ていて、「眠気」（睡眠欲ともいえます）によって、睡眠の量は決まります。たとえば、ぐっすり長く眠ると、翌日は一日中すっきりしていて、夜もそんなに早く眠くなりません。逆に、前の晩夜更かしをすると、昼食後やつまらない授業・会議の最中にすぐ眠くなります。普段よりも早く起きると、普段よりも早い時間に眠くなりますし、眠気を我慢しているとどんどん眠くなっていきます。

このように、眠気は覚醒時間に比例して増えていきますので、難しい言葉を使うと、それ自身がホメオスターシスによる制御を受けています。眠くなれば、普通の状態なら眠って睡眠を充足させますから、足りなくなればその分を補うように制御されているということです。睡眠不足のことを、睡眠負債（sleep debt）といいます。眠気は睡眠負債に比例するのです。

日中によく眠気を催す人から、どうしたら眠くなくなるのか、と質問されることがあります。ナルコレプシーや睡眠時無呼吸症候群などの病気があって眠気が出ている場合には、その病気に対する治療が効果的です。しかし、夜の睡眠が足りなくて生じる眠気については、病気ではありませんし、薬では治りません。唯一の治療法は、しっかり長く睡眠時間を確保することです。お腹が減った時に、何も食べないで空腹感を満たすことができないのと同じです。コーヒーのカフェインなど目を覚ます物質はありますが、その作用は一過性ですし、これで無理に起きていても、その分睡眠不足はまた貯まります。そして、翌日はより眠気が強くなってしまいます。

さて、睡眠負債、つまり借金があるのなら、貯金もあるのでしょうか。「あんなに寝たのに……」という呟きをよく耳にします。しかし、睡眠はホメオスターシスによる制御を受けているので、必要以上に眠ることはできないのです。いわゆる「寝貯め」は、せいぜい一日分が限度のようです。

眠気の測り方

眠気を客観的に測るにはどうすればよいでしょうか。血圧のように簡単に機械で測ったり、血糖値のように血を採って測ることは、今のところできません。そこで、さまざまな方法が使われますが、もっとも信頼度が高いのが、反復睡眠潜時測定（MSLT＝multiple sleep latency test）です。

原理は簡単で、たとえば、二時間から四時間に一回ずつ、実際に横になって眠ってもらいます。そして、横になってから、何分くらいで眠れるかを測ります。横になってから寝つくまでの時間（睡眠潜時）の長さは、眠気に反比例すると考えられています。

ただし、まったく眠くない時間帯では、三〇分横になっていても眠れませんから、普通は二〇〜三〇分横になって眠れなければ、その時刻の測定はそれで終了します。また、本当にぐっすり眠ってしまうと、次の回に眠れなくなってしまうので、脳波上眠ったと判定したらすぐに起こさないといけません。そのため、この検査では、毎回の測定時に必ず検査技師が立ち会って、脳波とにらめっこしながら、被験者を起こします。

この眠気測定法は、原理は簡単なのですが、脳波計が必要なうえに立ち会う検査技師の負

エプワース式眠気判定テスト

8つの状況での眠気を0〜3の数値で答えて合計する（24点満点）。
10点以上は眠気がひどいと考える。
※0点＝眠ってしまうことはない／1点＝時に眠ってしまう（軽度）／2点＝しばしば眠ってしまう（中等度）／3点＝ほとんど眠ってしまう（高度）

問1　座って読書をしているとき
問2　テレビを見ているとき
問3　公の場で座って何もしていないとき（たとえば劇場や会議）
問4　1時間続けて車に乗せてもらっているとき
問5　状況が許せば、午後横になって休息するとき
問6　座って誰かと話をしているとき
問7　昼食後（お酒を飲まずに）静かに座っているとき
問8　車中で、交通渋滞で2〜3分止まっているとき

担が大きく、また日本では保険適用が認められていないことなどの理由で、あまり行われていません。アメリカでは比較的よく行われています。

他の方法としては、フリッカー検査のように疲労度を測る検査や、反応時間を測る検査で、間接的にその時の眠気を測ることもあります。また、普段の生活の中での眠気を知るためには、アンケート質問方式の検査もあり、表に示すようなエプワース式眠気判定テストなどがよく用いられます。

さて、ＭＳＬＴなどで、ある程度客観的に眠気の変動を測るといろいろ面白いことがわかります。

普通の生活を送っている人の場合、眠気は全体で見れば夜強く日中弱いという当たり前の結果に加えて、日中、特に午後二時頃に大きなピークがあること、また、夕方から早い夜にかけ

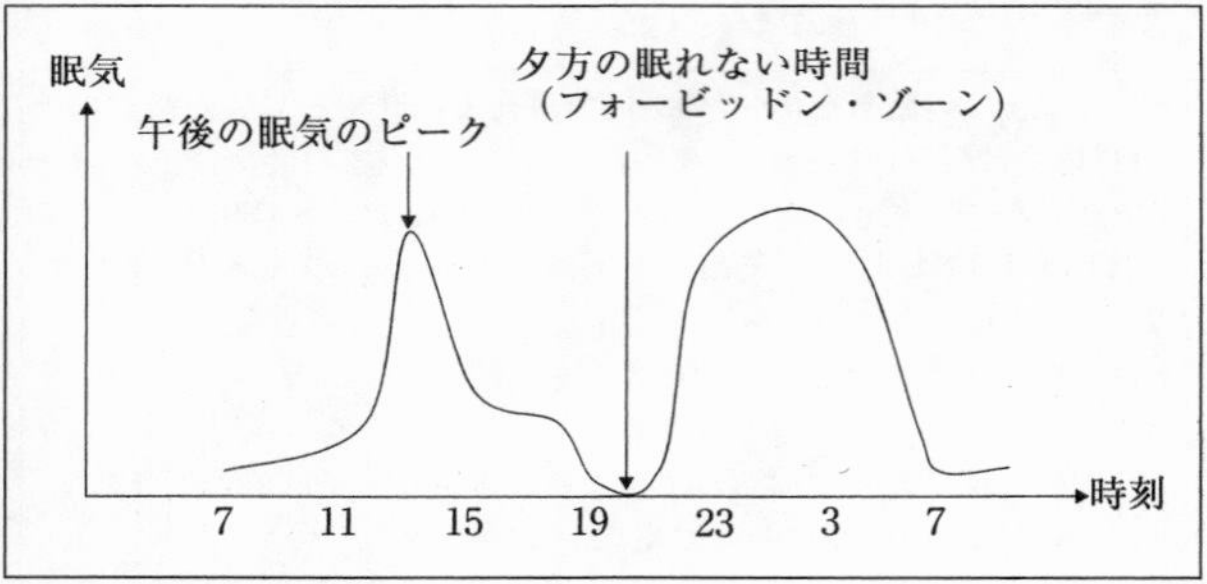

図20　眠気の日内変動

て非常に眠気の弱い時間帯（フォービッドン・ゾーン）があることなどです（図20）。

生物時計は覚醒の信号を送る

眠気は睡眠が足りなくなればなるほど、強くなります。しかし、徹夜をするとわかりますが、深夜を過ぎ、三時、四時、もう限界だと思い始めてぼーっとした頭で時計を見ていると、そのうち眠ってもいないのに急速に目が冴え始めて、窓の外が白み始める頃には頭もすっきりしてきます。この理由は生物時計にあります。

結論からいえば、脳内にある生物時計が、昼行性の人間の場合、昼間は覚醒中枢に覚醒信号を送ることによって、目を覚まさせるのです。逆に、夜になると生物時計からの覚醒信号が弱まるので、その分眠気が増します。

ではなぜ、生物時計が覚醒信号を送っていると考えられるのでしょうか。

生物時計のおかげで、生物は時刻の手がかりのない環境でも、だいたい二四時間周期で行動と休息のリズムを繰り返します。この時に睡眠の量は変化しません。しかし、脳の中の時計中枢であるSCNを完全に破壊した動物は、環境変化のない場所に入れると、行動と休息のリズムが失われるだけでなく、正常な動物よりたくさん眠るようになるのです。リスザルやマウスの実験では睡眠時間が約三〇%延びました。三〇%というと、人間で考えると八時間が一〇時間半ですから、大きな差です。この結果から、概日周期の生物時計は、主に覚醒の信号を送っていると考えられています。ただし、マウスの別の研究では睡眠時間が変わらないという結果もあります。

生物時計と睡眠の関係をモデル化したものとして有名なのが、スイスの生理学者ボルベリイの提唱した二過程モデルです（図21）。このモデルでは、睡眠の恒常性をS過程と呼び、概日周期による睡眠覚醒の切り替え閾値の変動をC過程で表します。ただ、このオリジナルのモデルは難解で説明がしにくいので、本書では、私がこのモデルを改変し、睡眠負債、つまり脳の疲れによる眠気と、概日周期による覚醒シグナルの二つの関係で簡易的な説明をします。

まず、図22は、脳の疲れによる眠気の蓄積を表します。縦軸は仮想的な眠気の強さで、起床時は眠気がゼロですが、起きていると徐々に眠気が蓄積して、眠る直前に最大になり、睡眠中は眠気が減っていきます。朝になると眠気がゼロに戻り、目が覚めます。眠気が貯まる速度と、減少する速度が1対2なら、一日一六時間起きて、八時間眠ると、眠気の増減はゼロでリセットされます。このモデルを使うと、毎日同じくらいの時間を眠る理由が説明でき

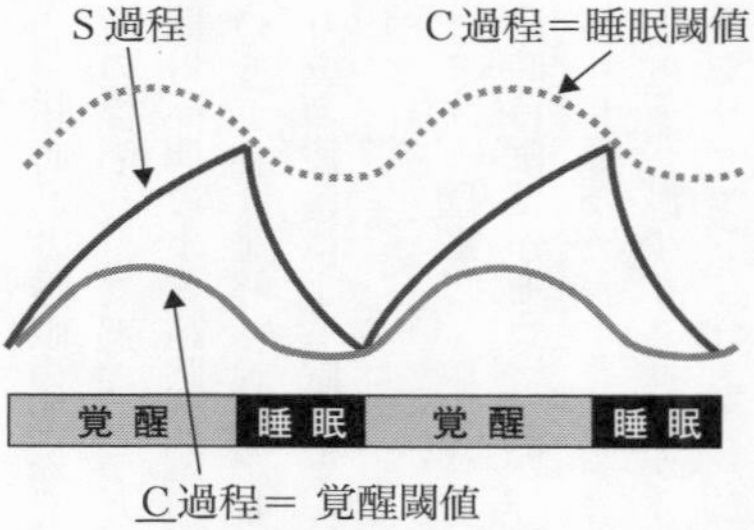

図21　二過程モデル（Borbély, 1982）

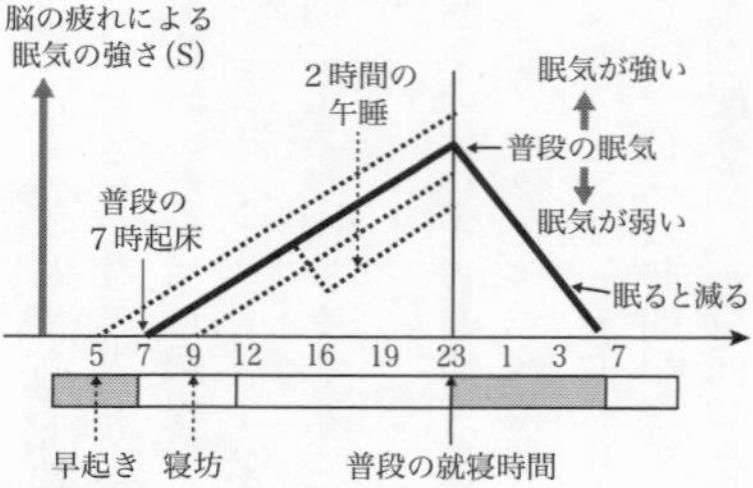

図22　睡眠負債による眠気

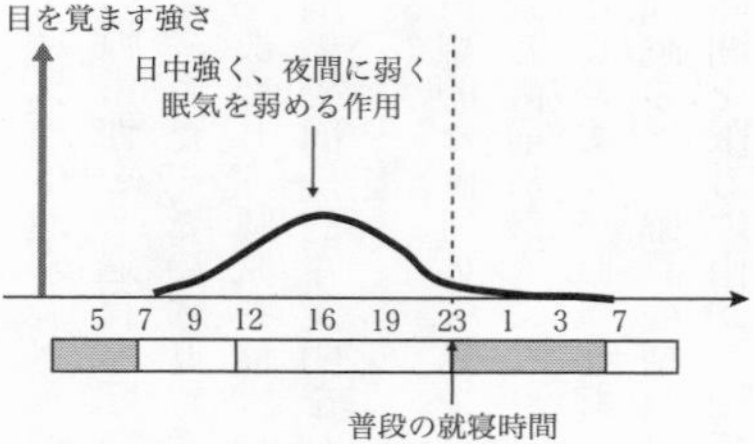

図23　概日周期による覚醒作用

るだけでなく、朝早く起きた時に早く眠くなること（早起きから始まる点線）、寝坊したり、お昼寝してしまった時に、いつも眠る時刻になっても、あまり眠くならないことがうまく説明できます。

一方、図23は、概日周期の作用で、日中に眠気を減らす、つまり目を覚ましてくれる働きがあると考えます。すると、図24に示すように、朝からずっと起きていても、日中はあまり眠気がひどくならないのに、夜になると急に眠気が強くなることが、うまく説明できます。

さらに、徹夜した時に、翌日の朝になると、眠っていないのに、なぜか少しすっきりして、日中は眠気も弱く過ごせること（図25）や、時差のある国に海外旅行にでかけた時に、睡眠のリズムが狂ってしまう時差ボケ（図26）が、わかりやすく説明できます。

二過程モデルは、このように眠気（睡眠）の制御に関する睡眠負債と概日周期の関係を、直感的で単純に説明できるので、これまで好んで用いられてきました。私も説明でよく使います。しかし、このモデルだけでは、午後の早い時間に眠気が出現することや、夕方の眠気

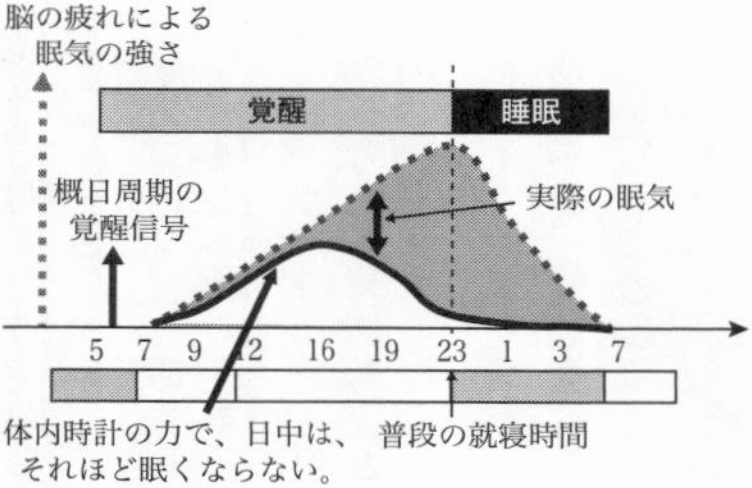

図24　二つの要素を合わせたモデル

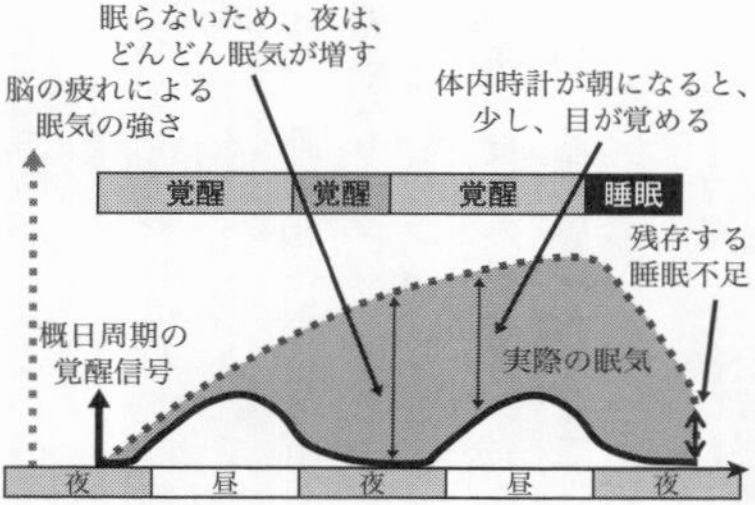

図25　徹夜明けに、すっきりする理由

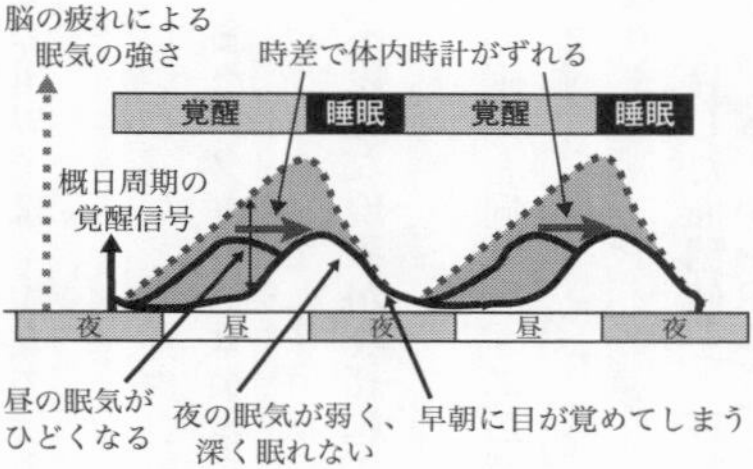

図26　時差ぼけ

が非常に弱くなる時間帯があることの説明ができないので、研究の世界では、現在ではあまり使われません。

午後二時前後の眠気については、昼食の影響が考えられます。しかし、たとえ昼食を抜いても、昼間に眠気が強くなる時間があることが示されています。また、夕方の眠気が弱くなるフォービッドン・ゾーンの存在は、睡眠相後退症候群という、夜型になってしまう病気の治療を考える時にも、とても重要になります。しかし、これらの不思議な現象がなぜ起こるのかはまだ不明です。

私はよく眠気を食欲にたとえます。食欲の場合も、徹夜した時の眠気と同じで、ある時間を越えると、何も食べてもいないのに空腹感が和らぐことがあります。

しかし、この現象は、徹夜明けにすっきりするのとは少し異なります。

空腹感は血糖値によって制御されています。食後には、食事で上昇した血糖値を下げるためにインスリンというホルモンが出て、食後一～二時間をピークに血糖値が下がっていきます。そして、一定レベルまで下がるとお腹が減ったと感じるようになります。ここで何も食べないと、血糖値はさらに下がって空腹感が強まりますが、血糖値が下がりすぎると生命にも危険があります。そこで、ある一定レベル以下になると、今度は逆に血糖値を上げるホルモンの分泌が始まり、食事をしなくても血糖値が上がるのです。

眠気の場合にも、もしかしたら、同じような制御があるのかもしれませんが、このような「代償性」の眠気緩和の機構については、まだ何もわかっていません。生物時計からの覚醒信号は、その時の眠気や睡眠の過不足にかかわらず発生するので、このような血糖値の代償性とは異なります。

早起き早寝が正解

さて、生物時計は朝になると眠気を抑える働きをします。これをうまく使いこなせば、一日をすっきり過ごせるはずです。

生物時計は光の刺激でリセットされます。しかし、普通の時計とは異なり、好きな時刻に好きな量だけ、進めたり遅らせたりすることはできません。

明け方から午前中の時間帯に光が当たると時計は進みますが、逆に、夕方から夜の早い時間帯には、光は時計を遅らせます。ということは、朝寝坊してお昼くらいまで暗い部屋で眠り、夜は夜更かしして深夜まで明るい部屋で光を浴びていれば、必ず時計は遅れます。生物時計が実際の時刻より遅れるということは、まさしく自分の持っている「目覚まし時計が遅れる」ことと同じですから、本当は朝七時に起きたくてアラームをセットしたつもりなのに、七時になっても一時間遅れた時計はまだ六時で、アラームは鳴らず、八時になってやっと目を覚ますことになります。

これが毎日続けば、だんだん朝起きる時間と眠る時間がともに遅くなり、遅寝遅起きの夜型になります。この悪循環を防ぐには、時計を進める必要があります。

光を使って時計を進めることができるのは、一日のうちの朝、早い時間だけです。だから、朝早く起きて、その時間に光を浴びる必要があります。どんなにがんばって夜早く眠っても、生物時計は遅れることがなくなるだけで進みません。

「早寝早起き」ではなく、「早起き早寝」が正しいのです。

時差ぼけの乗り越え方

人間が体内に生物時計を持っていて、それが睡眠に大きな影響を与えていることを、一番はっきり感じられる現象は時差ぼけです。

時差ぼけとは、飛行機で時差がある場所に移動した時に、生物時計が現地の時間に合うまで、体が起こす不適応症状のことです。症状の中で辛いのは睡眠の異常で、日中ひどく眠くなったり、夜、寝つきが悪くなったりします。

日本からだと、ハワイやアメリカなど東回りに旅行した場合は、物理的な時計が「先に」進み、中国やヨーロッパなどへ西回りに旅行した場合は、時計が「後に」遅れます。腕時計は簡単に現地時間に合わせられますが、生物時計はそうもいきません。

では、生物時計の性質を使った、時差ぼけの上手な乗り越え方を伝授しましょう。

東回りに旅行するときは、時計が進んでしまいます。たとえば時差が七時間だと、日本の夕方五時のつもりが、移動後の時間帯では午前零時になります。ですから、日本の時間帯ではまだ夕方の時間に眠らなければならず、深夜に起きることになってしまいます。そこで、生物時計を進めるために眠くてもちゃんと早起きして、朝一番にできれば日光を一五分以上浴びるようにします。

夜は生物時計を遅らせないために、夜更かしして光にあたることは避け、少し早めに眠ります。この時、当然、あまり眠くないはずなので、軽くストレッチをしたり入浴してリラックスするとよいでしょう。

帰路は西回りになって、今度は時計が遅れます。同じく時差が七時間だと、移動前の場所では深夜の零時のつもりが、移動後の時間帯では夕方の五時になります。つまり、移動後の場所では深夜の眠い時間にも起きている必要があり、朝は、大変な寝坊をしている状態になります。夕方、いちばん眠くなる時間帯に眠ってしまっても悪くはありませんが、生物時計の観点からは、夕方に屋外を散歩したりすることで、光で生物時計を遅らせるのが得策です。

カーテンをきっちり閉めて部屋を暗くして眠り、もし夜明け前に目覚めてしまっても、日の出までは寝室の中にいるべきでしょう。なお、一般的に、同じくらいの時差ならば、東回りよりも西回りのほうが、適応が楽なことが多いといわれます。

さて、時差が一二時間近くになると、行きも帰りもほぼ昼夜が逆転することになります。動物実験では、時計を逆転させると個体ごとに違った適応の仕方を示します。時計を徐々に進める、遅らせる、時計が狂う（数日間リズムが失われる）という三通りです。

生物時計は、どんなに強い光で上手に調節しても、最大で一日四時間くらいしか進めたり遅らせたりすることができません。普通の生活をしながらの場合は、せいぜい一～二時間です。そのため、一二時間の時差の場所に移動すると、時差ぼけを乗り切るのに、最低でも一週間近くかかるわけです。

昼夜逆転した場合も時計を遅らせるほうが一般的には体が楽ですが、そうすると非常に早い時間に眠ることになって、せっかくの旅行なのにもったいない気がします。そのため、普通に観光や仕事をしながら時差ぼけを治すには、体は若干きついのですが、時計を進める方向で、調整したほうがよいようです。

8章　睡眠研究の突破口――ナルコレプシー

耐え切れない眠気

6章で述べたように、睡眠は謎だらけです。しかし、一九九九年、ひとつの病気が解明されたことをきっかけに、睡眠の分子生物学的理解が急速に進んでいます。その病気とは俗に眠り病ともいわれる、ナルコレプシーです。

ナルコレプシー患者は、どんなに長く眠ったあとでも、日中ひどい眠気に襲われます。しかも、その眠気を本人がコントロールできないことが多いのです。

もちろん誰でも耐え難い眠気を覚えることはあるでしょう。しかし、ナルコレプシーの場合、ちょっと程度が違います。たとえば、歩いている時や自転車に乗っている時、戦場・重要な会議中・入試の最中・デート中・喧嘩中など、普通はまず眠くならないような状況で実際に眠ってしまうのです。

病気が発症した初期の頃は、病気だということに気が付かず、我慢できるつもりで、大切な機会に思わず眠ってしまう失敗をした経験があると、多くの患者が言います。ただ、病気であることに気付けば、薬による治療が可能です。また、ほんの短時間でも仮眠を取ると、これほどひどい眠気なのにかなり軽減するようです。

ナルコレプシーの診断に関する大きな問題は、多くの場合、中学生から大学生にかけて発症するということです。この時期は、もともと誰もが成長とともにだんだん夜更かしになり、退屈な授業では居眠りをすることも増えてきます。そのため、この時期に発症しても、周囲に居眠りをしている子も多いので、変に思われにくいのです。また、本人も夜更かしで眠いだけなんだと考えて、見過ごしがちです。

疫学研究からは、日本全国に二〇万人の患者がいる可能性も指摘され、けっして稀な病気ではないのですが、診断されて治療を受けている患者数が少ないのが現状です。

睡眠科学者にとって、ナルコレプシーは非常に興味深い病気です。なぜなら、これはほぼ唯一の純粋な睡眠の病気だからです。睡眠に関係する多くの病気がありますが、ほとんどは睡眠の異常だけでなく、他のさまざまな症状を伴います。しかしナルコレプシーの場合、身体的にも精神的にもまったく正常なのです。

また、眠気がひどい病気ですが、一日中ずっと眠いわけではなく、普通の人と同じように眠くない時間もあります。

寝入りばなのレム睡眠

さて、このナルコレプシーの症状をもう少し見てみましょう。日中に非常に強い眠気に襲われるのが大きな症状ですが、夜の睡眠が長くなるわけではありません。それどころか、ナルコレプシーでは、寝つきは良いことが多くても、途中で目を覚ましてしまったり（中途覚醒）、ぐっすり眠れなかったり（熟眠障害）という、不眠症の症状もあります。

ナルコレプシー患者では、6章で説明した睡眠のパターンが特徴的に変化しています。普通、眠りはじめる時には、覚醒状態から浅いノンレム睡眠になり、深いノンレム睡眠を一定時間経たあとに、初めてレム睡眠が現れます。しかしナルコレプシー患者の場合、寝入りばなに、いきなりレム睡眠が現れることがよくあります。SOREM（入眠時レム睡眠）です。また、睡眠途中のレム睡眠の前後に目が覚めてしまうこともよくあります。

このことから、最近では、ナルコレプシーは単に眠り過ぎる病気というのではなく、「長く続けて起きていることが難しい」状態で、同時に、「長く深く続けて眠ることも難しい」状態の病気だと考えられています。そのため、治療としても、日中は目が覚める薬を必要としますが、夜間は睡眠薬のようにぐっすり眠るための薬が必要になることも多く、作用が正反対の二種類の薬を飲まないといけなくなってしまうことが、よくあります。

また、SOREMに関連して、睡眠麻痺（金縛り）も多発します。睡眠麻痺が気になって病院に来て、ナルコレプシーだとわかることもよくあります。

くずおれる発作――カタプレキシー

日中の眠気と睡眠麻痺に加えて、ナルコレプシーのもう一つの特徴的な症状がカタプレキシー（情動脱力発作）です。

この症状は、発作的なものですが、眠くてたまらなくて眠ってしまうという睡眠発作とは異なり、嬉しかったり、悲しかったり、感動したりという、気持ちが大きく動いた時に突然体の力が抜けて倒れてしまうものです。倒れる瞬間も意識があることが一般的で、周りの驚く様子も自分が倒れて何かにぶつかる様子もよくわかるので、非常に怖く感じる発作です。日中の眠気と金縛りは誰にでもあるものなので、この二つだけだとナルコレプシーは見落とされることがあります。しかし、このカタプレキシーは特異的な症状で、これが出現すれば病気の診断ができます。ただしこの発作は、てんかんの一部の発作ともよく似ているので、そちらに誤診されることもあります。

カタプレキシーは、覚醒状態から急にレム睡眠に近い状態になることから起きると考えられています。この発作は治療でコントロールできますから、患者が頻繁に経験するものではありませんし、発作を見かけることは稀です。

眠気を起こす病気いろいろ

ナルコレプシーの話をすると、自分も日中すごく眠くなることが多いので心配だと言う人が、どこにも必ずいます。横道に入りますが、ナルコレプシー以外の眠気のひどくなる病気をごく簡単に紹介しておきましょう。

睡眠という行動の面白い点は、意志だけでは完全にはコントロールできないけれど、ある程度は制御できることです。誰でも眠ってはいけない時に眠くなることはありますが、ある程度までは意志で我慢することができます。では、病気を疑うくらいひどい眠気はどんな時に起きるのでしょうか。

日中のひどい眠気の原因としては、ナルコレプシー以外に、(1)睡眠不足、(2)睡眠時無呼吸症候群（SAS＝sleep apnea syndrome）、(3)うつ病、が代表的です。このうち実際に相談される例でもっとも多いのは睡眠不足です。睡眠が足りないから眠いのは当たり前なのですが、なぜこの簡単な原因に本人が思い当たらないかというと、睡眠の量と質にかなり個人差があるからです。また、同一人物でも、季節やその時のさまざまな環境によって必要な睡眠時間は変わります。

ですから、眠気がひどい場合には、睡眠の長さ（＝睡眠時間）だけで判断せず、睡眠の深さ（＝睡眠の質）も考えて、睡眠が足りているのかどうかを、きちんと評価する必要があります。なお、睡眠の質の低下については、お酒の悪影響の場合もあります。お酒を飲むと寝つきは多少良くなりますが、睡眠が浅くなるので、長く眠っても睡眠不足になりがちです。

睡眠時無呼吸症候群は、新幹線の運転士が居眠り運転した事件でよく知られるようになりました。

この病気の症状は、眠っている時に気道が細くなって、呼吸が浅くなったり（低呼吸）、止まったり（無呼吸）することです。仰向けに眠っている時や筋肉の力がぐったり抜けるレム睡眠の時に、この低呼吸・無呼吸はより多く出現します。呼吸が止まるということは、首を手で絞められているようなもので、当然息が苦しくなりますので、睡眠は浅くなります。そして、何十秒か呼吸が止まったあとに、大きないびきとともに呼吸を再開します。この発作が、一晩のうちに何回も起きると、そのたびに目を覚ませと首を絞められているようなもので、うつらうつら浅い睡眠を続けているような結果になります。

睡眠時無呼吸症候群では多くの場合、本人はいびき以外の夜間の症状を自覚していないので、この病気のことに全然気が付きません。本人は時間的には十分長く眠っているつもりなのに、本当は寝不足で、翌日眠くなります。いびきがひどい人は注意を要します。

仕事が面白くないとか、やる気がないという症状と関係した眠気の場合には、うつ病を考えてみる必要があります。うつ病の基本的な症状は不眠ですが、人により、過眠症が最大の症状になることもあるのです。うつ病の中で過眠症を訴える人の割合は多くはありませんが、もともとうつ病（うつ状態）という病気が非常に多いので、過眠症に占めるうつ病の割合は高くなります。

ナルコレプシー研究のパイオニア

さて、ナルコレプシーの研究はどう進んできたのか、簡単に振り返ります。ナルコレプシーは古くからある病気ですが、はっきり病気として定義されて、その原因が解明されてゆく過程で、多くの日本人が重要な役割を果たしてきました。

日本で、最初にこの病気に対して専門家として取り組んだのは、当時は東京大学医学部精神科医師で、その後も神経研究所附属晴和病院で多数のナルコレプシー患者の診療をされた本多裕先生です。本多先生の業績は、先生の著書『ナルコレプシーの研究——知られざる睡眠障害の謎』（悠飛社）に詳しいので、この病気に興味のある方は是非お読み下さい。

この本から少し紹介させていただくと、本多先生は一九五六年に、日本で初めての睡眠外来を開きました。そして、ナルコレプシーの情動脱力発作（カタプレキシー）に抗うつ薬が効くことや、後に原因遺伝子の発見の大きな手がかりとなった、特定の遺伝子型がナルコレプシー患者に多いことなどを世界に先駆けて見つけました。ですから、日本だけでなく世界のパイオニアです。

また外来に集《つど》うナルコレプシー患者たちが、お互いに知り合うことを勧めて、支援した結果、「なるこ会」という患者会が作られました。この会は、特定の疾患の患者会としては、日本でもっとも歴史のあるもののひとつです。

本多先生はこの会とともに、ナルコレプシーの特効薬が販売中止になりそうな事態が起きた時には、運動を起こして危機を回避するなど、社会的な面でも、ナルコレプシーの患者のために活動してきました。

ナルコレプシーの新たな差別を生む可能性があると考えられた運転免許条件の改定に対して、患者会とともに意見書を提出しています。手前味噌ながら、この時は私もほんの少しだけお手伝いをしました。病気そのものの研究・診療に没頭する研究者・医師は多くても、患者のための社会活動にまで、手を広げることができる人は大変に稀で、その意味でも本多先生は尊敬すべき存在でした。

原因遺伝子の発見

ナルコレプシーの原因が解明されたのは、一九九九年のことです。この年、二つの研究グループから画期的な研究結果が発表されました。

ひとつはスタンフォード大学のエマニュエル・ミニョーのグループです。彼らの研究には、ペットの犬が役立ちました。

人間の場合、ナルコレプシーが遺伝することは少なく、一卵性双生児の兄弟でも片方だけがナルコレプシーになることのほうが多いようです。しかし、犬の場合、ナルコレプシーに似た病気が、非常に高い確率で親から子へと遺伝する系統が発見されました。ミニョーらは、ドーベルマンとラブラドール・レトリーバーというアメリカで昔から人気のある大型犬の二系統を中心に、研究を進めました。

この病気にかかった犬たちは、カタプレキシー発作を起こします。飼い主が声をかけたり遊んでやったりして、尻尾を振って喜んで駆けてきた時や、兄弟同士、仲良く走り回って興奮した瞬間に、力が抜ける発作を起こして倒れるのです。発作の持続時間は通常、数十秒から数分程度で、長くはありません。しかし、直前まで喜んでいた犬が急に倒れて動けなくなります。この発作の間も目は開いていて動かせるので、本当は苦しくはないのでしょうが、なんとなく苦しそうに見えます。

この発作の様子をビデオに撮り、ナルコレプシーの患者会などがたくさんの人に見せてキャンペーンを行い、人々の理解を求めました。アメリカには、良いことだと考えると寄付をたくさんする文化がありますが、この犬のビデオのおかげで、多くの寄付が集まって、ナルコレプシーの研究や患者の治療に使われたそうです。いつ、どのような番組だったかは、忘れてしまいましたが、実は、私自身もナルコレプシーという病気について初めて知ったのは、この犬の発作を放映したテレビ番組によってでした。

このように明らかに遺伝する病気の場合、原因となる遺伝子を突きとめる方法は、ある程度確立しています。ですから、ひとたび遺伝することがはっきりすれば、その犬の遺伝子を調べることで、解明までは時間の問題と考えられました。しかしこの犬のナルコレプシーの原因が解明されるまでの道のりは、実際にはかなり長いものでした。

犬はペットとして馴染みが深く、研究推進・研究費獲得キャンペーンも成功したのですが、分子生物学の研究には不向きだったのです。というのも、犬は、研究によく使われるマウスやモルモットほどには、数をたくさん増やして使うことができません。また、ある遺伝子だけをなくしたノックアウトマウスを作るような技術もありません。また、八〇年代後半に、彼らがこの犬のナルコレプシー遺伝子探しの研究を始めた時には、犬の遺伝子についての情報は、ほとんどない状況でした。

そのため、彼らは、ゼロから病気の遺伝子探しを始めなければならず、膨大な時間と手間がかかりました。ミニョーのもとでたくさんの研究者がリレー式に研究を進め、アンカーと

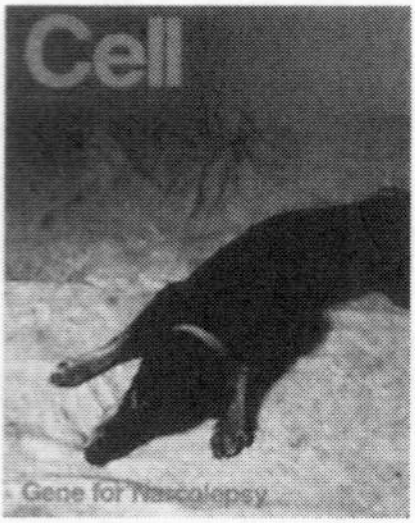

Cell, 98 (3), August 6/1999

してバトンを受け取ったのが角谷寛氏です。

こうして、彼らは一〇年がかりのプロジェクトで、この病気の犬ではペプチド性の神経伝達物質、オレキシン（別名ハイポクレチン）の情報を受け取る受容体の遺伝子が、異常を起こしていることを突きとめました。この成果は一九九九年八月のＣｅｌｌ誌に掲載され、その表紙には眠り込むドーベルマンの写真が掲載されました。

ペプチド・ホルモンと受容体

ペプチドとは、アミノ酸がいくつかつながってできた物質です。アミノ酸がたくさんつながったものをタンパク質と呼びますが、数十個程度までの時はペプチドと呼びます。材料のアミノ酸は二〇種類ありますので、一〇個つながるだけでも、二〇の一〇乗、つまり約一〇兆通りものペプチドを作ることができます。不足すると糖尿病になることで有名なインスリンも、ペプチドでできたホルモンで、ペプチド・ホルモンと呼ばれます。

ホルモンというのは、ある細胞Ａが作って、細胞の外に放出して、別の細胞Ｂがそれを受け取ることで何らかの情報を伝えるものです（図27）。オレキシンもペプチド・ホルモンの一種ですが、神経細胞の間で働いている場合は、神経伝達物質とも呼ばれます。

受容体というのは、細胞Ｂが持っているもので、多くの種類があるペプチドの中で、特定

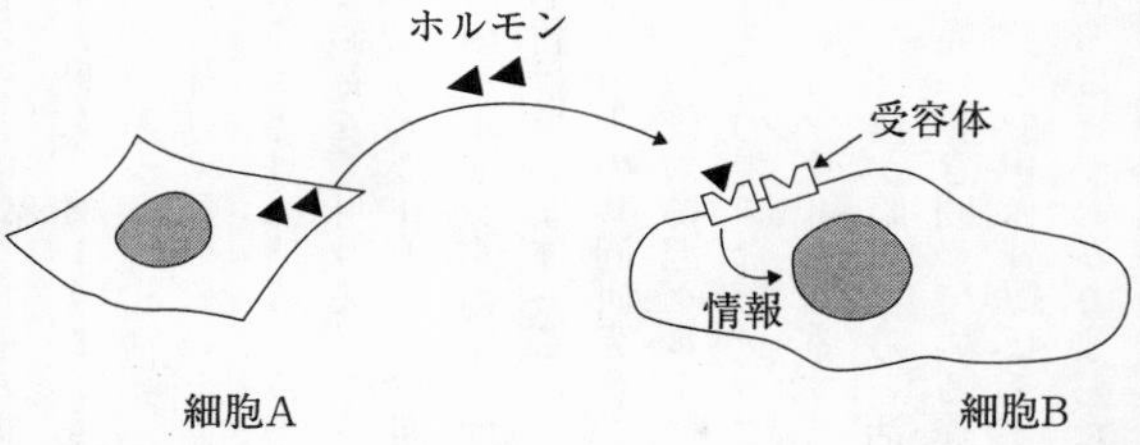

図27　ホルモンと受容体

のものだけを認識して、そのペプチドが細胞Bのそばにやってきたことを感知します。そして、そのペプチドの合図を受けて、細胞Bが何らかの機能を発揮します。ですから、ペプチドがなくなるか、受容体がなくなるかすると、細胞Bの機能が失われてしまいます。

マウスのナルコレプシー

犬を使った研究の成果が出るのと時を同じくして、テキサス大学（当時）の柳沢正史氏のグループはまったく異なるアプローチで、ナルコレプシーの原因物質を特定しました。

柳沢氏は、筑波大学で大学院生として研究していた時に、独創的なアイデアで血圧調節に働くエンドセリンという物質（これもペプチド・ホルモンです）を発見、その業績で若くしてハワード・ヒューズ研究所から特別待遇で招待されてアメリカに渡りました。そして、その後も素晴らしい仕事を続けている、いわば天才研究者です。

しかし、彼は、もともと睡眠研究に興味があったわけではありません。彼らの研究の発端は、現在、筑波大学の櫻井武氏が柳沢グループで研究していた時に、オレキシンを発見したことに始まります。

オレキシンは、彼らが研究対象としていた受容体に働くペプチドとして発見されましたが、当初はまったく機能がわかりませんでした。そこで、動物の脳の中に注入してみると、食欲が増すことがわかり、食欲を制御することがわかってきました。そのため、ギリシア語で食欲を意味するオレキシスという言葉を使ってオレキシンと命名されたのです。

なお、櫻井氏と同時期に、同じホルモンを別の方法で見つけたグループがあり、そちらはこのホルモンが視床下部（hypothalamus）に多いことから、ハイポクレチン（hypocretin）と名付けています。このハイポクレチンを見つけたのは、犬のナルコレプシー研究をしていたミニョーの共同研究者でした。

その後、柳沢グループは、この物質の働きをさらに詳細に解明するため、オレキシンを作ることのできないノックアウトマウスを作り出しました。

このマウスを観察すると、奇妙なことに気がつきました。ネズミは夜行性なので、夜になって部屋が暗くなると活発に活動しますが、オレキシンを持たないノックアウトマウスは、活発に歩き回っている途中で急にぱたりと倒れてしまうのです。

そこで、赤外線ビデオカメラを用いて、夜間の行動を観察してみると、実に頻繁に倒れていることがわかりました。脳波をとってみると、この倒れる行動が覚醒期に突然起こっていることや、人のナルコレプシーで特徴的とされている、入眠時レム睡眠が出現することなどがわかりました。

こうして、オレキシンは食欲だけでなく、ナルコレプシーにも関係するホルモンだということがわかったのです。この成果は、ミニョー・グループの論文の次の号のＣｅｌｌ誌に発表されました。この結果から、柳沢グループはそれまでテーマにしていなかった、睡眠の研究にも乗り出したのです。

神様の粋なはからい

余談ですが、ミニョー・グループの方法は、病気から、病気の遺伝子を見つける方法なので、順遺伝学です。これは、方法論的には確立しているので、その病気の遺伝子に到達できる可能性が高いのですが、時間と労力がかかります。いわば正攻法です。ミニョーたちも研究を始めてから、ゴールに至るまでは一〇年以上かかっており、まさにマラソンを走りとおしたようなものです。

それに対して、柳沢グループの方法は、最初に機能のわからない遺伝子があり、その機能を探しているうちに、病気にたどり着いたので、逆遺伝学です。こちらの場合、遺伝子の情報は最初からあるので、機能がわかってしまえば、すぐに研究は完成します。この方法が飛び道具と呼ばれる所以《ゆえん》です。このように、この二つの研究は方法論的には、まったく方向性が違うものです。

また、ミニョー・グループは、オレキシンというホルモンの情報を受ける受容体が、病気の犬では機能しないことを示しました。これに対して、柳沢先生のグループは、オレキシンというホルモンそのものをなくしたマウスが病気になることを示しました。内容の点でも、この二つの仕事は異なりますし、お互いに補い合って完全なものになります。

さらに、ミニョー・グループは、長年、ナルコレプシーの研究をこつこつと続けてきましたが、柳沢グループは、睡眠そのものではなく、脳のさまざまな機能を物質から調べたいという、別の視点からの研究で到達した成果です。

科学の進歩に立ち会っていると、さまざまな偶然に遭遇します。方法論も結果も、出発点や動機もまったく異なるために、お互いに交差することがなかった二つのグループの研究が、ほとんど同じ時期に同じ結論に到達したというのは、双方のグループにとって素晴らしく運の良いことでした。

オレキシン・ニューロンのありか

さて、このようにして、オレキシンというペプチド・ホルモンの機能が失われると、ナルコレプシーという病気が発症することはわかりました。しかし、オレキシンがどのように睡眠と覚醒の制御に関与しているかは、これだけではわかりません。また、これは犬とマウスの研究ですから、人間のナルコレプシーも、同じようにオレキシンが関係しているのかどうかも調べなければいけません。

ナルコレプシーとオレキシンの関係解明以後、この研究は急ピッチで進みました。

まず、オレキシンを作りそれを使って情報を伝える神経細胞と、オレキシンの受容体を持ち、情報を受け取る細胞とが、どこにあり、どのような役割をしているかということが調べられました。

その結果、オレキシンを作る神経細胞（オレキシン・ニューロン）は、脳の中の比較的狭い範囲で、視床下部という部位の外側に限局して存在していることがわかりました。この場所は、睡眠・覚醒などを司っている場所とも近接しています。視床下部のSCNには概日周期生物時計の中心がありますが、オレキシン・ニューロンがあるのは異なる場所です。しかし、概日周期と睡眠の関係から考えるとこの二つの位置関係はとても興味深いものです。

そして、このオレキシン・ニューロンは、脳の中で神経突起を多くの場所に伸ばして、いろいろな部位に信号を送っています。小脳を除くと、ほとんどの場所にシグナルを送っているようです。その中でも覚醒・睡眠機構に関与する部分に、特に強いシグナルを送っていて、そこにオレキシンの受容体もあります。

食欲と睡眠欲の両方を制御する

オレキシンが発見された時に、オレキシンを脳の中に注射すると、食欲が増して食べる量が増えることが示されていました。しかし、この時はオレキシンと睡眠の関係がわかっていなかったので、オレキシンの睡眠に対する効果は調べられませんでした。そこで改めて同じやり方で睡眠の量を調べると、オレキシンは睡眠を減らして、覚醒を増やすことがわかりました。

さらに、動物を使った実験で、脳の中のオレキシンの量を継続的に計測してみると、起きている時間帯は多く、眠っている時間帯は少なく、一日のうちで周期を持って変動していることもわかってきました。

このことは、オレキシンが、覚醒状態を作り出す鍵となる物質である可能性を示しています。これまで、睡眠-覚醒の研究では、眠気を作り出す睡眠物質が常に注目されてきたのですが、オレキシンの登場により、実は睡眠物質が増えることが重要なのではなく、覚醒物質が少なくなることが、睡眠のためには重要だという可能性も出てきました。

オレキシンはもともと食欲を亢進《こうしん》させる作用があって、それが名前の由来でもあるのですが、これが覚醒と関係することも非常に合理的です。

食事をするとおなかが一杯になります。すると満腹感とともに、眠気に襲われることは、誰しも経験しています。この現象はこれまで、食事により副交感神経系が優位になり、交感神経のレベルが落ちるから眠くなると説明されていました。また、私自身は、食べたものを消化するために胃や腸に血液が行ってしまうから、頭に血が来なくなって眠くなるんだよと、少し非科学的な言葉で説明していました。

しかし、オレキシンの研究から、食後、満腹になって血糖値が上がると、オレキシンの分泌が減ることがわかり、これが脳の覚醒度を下げて、眠気につながるらしいことが示されています。逆に、ネズミに餌を与えないで絶食させると、通常不眠になり、眠らないで餌を探し続けます。この時は、脳内のオレキシンの量が増えています。オレキシンは「食欲」を増し、「覚醒度」を上げて餌探しを続けさせるのですから、合目的な二つの作用を併せ持っていることになります。

野生の状態では、もし餌が見つからなければ飢えて死んでしまいます。ですから、おなかが減れば睡眠を犠牲にしてでも、起きて餌を探し続けなければいけません。そのために、オレキシンが両方の役割をするわけです。たった一つの物質、オレキシンの機能の解明で、摂食と睡眠という、本能に支配される非常に大切な二つの行動の制御機構が説明されたのです。

人間のナルコレプシーとオレキシンの関係

さて、人間のナルコレプシーとオレキシンの関係はどうでしょうか。

多数の患者さんの脳脊髄液の研究から、人間のナルコレプシーの患者でも、オレキシンが脳からなくなっていることが確認されました。

脳は脳脊髄液という液体に包まれていますが、正常な人の脳脊髄液の中には、オレキシンは微量ですが必ず存在します。ところがナルコレプシーの患者では、この量が極端に少なくなっているか、ほとんどなくなってしまっているのです。ごく一部の患者では、オレキシンの量が正常なこともあるようですが、カタプレキシー（情動脱力発作）を伴う典型的なナルコレプシーの患者ではほぼ全員、オレキシンの量が異常に低くなっています。人間でもオレキシンの欠如がナルコレプシーの原因のようです。

これまで、ナルコレプシーという病気は、眠気・カタプレキシー・睡眠麻痺などの臨床症状のみで診断されてきて、血液検査やレントゲン検査のような客観的な指標がありませんでした。そのため、症状が典型的でなかったり軽かったりすると、診断があいまいになることもありました。しかし、髄液中のオレキシン濃度の測定をすることで、客観的な診断が可能になりました。

また、正常な人や他の病気の患者でも、平均値よりオレキシンが少ない人も見つかっています。そのような人は、将来、ナルコレプシーになる危険性があるとか、あるいは、ナルコレプシーとは呼べないまでも、軽症のナルコレプシーのように日中に眠気があるような体質なのかもしれません。

このように書くと、自分はいつも眠いからオレキシンがちょっと足りないのではないか、と疑う人もいることでしょう。しかし、インターネットを通じて多くの人から眠気の相談を受けた経験から言えば、ほとんどの人は睡眠不足で眠くなっているだけのようですので、まずは睡眠の量と質をきちんと確保することをおすすめします。

理想の睡眠薬

オレキシンが足りないことがナルコレプシーの原因だとすれば、オレキシンを補ってやれば、病気の治療もできるだろうと考えるのが自然です。これまでナルコレプシーの治療には、一般的に眠気を抑える薬が多く使われてきました。しかし、このような薬はオレキシンと同じ役割をするわけではありませんし、副作用もありました。また、これらの薬を飲んでいても完治するわけではないので、長期間内服を続ける必要があるうえ、その間に効きにくくなってきてしまいます。二〇二二年現在、オレキシンの受容体に働いて、オレキシンシグナルを活性化するオレキシンアゴニストがナルコレプシーの治療薬として治験中です。足りないものを補う治療ですから、副作用の少ない治療薬となることが期待されています。

一方、オレキシンを抑えることができれば眠気が誘導されますから、睡眠薬につながります。ナルコレプシーの患者は数が少ないですが、不眠症に悩む人は、とてもたくさんいますから、市場も膨大で、こちらの研究開発のほうが急ピッチで進みました。そして、オレキシンの発見から、たった一五年後の二〇一四年には、初めてのオレキシン受容体を抑える働きを持つ睡眠薬（オレキシン受容体拮抗薬）であるスボレキサントがメルク社から発売されました。二〇二〇年にはエーザイがレンボレキサントという二つ目の睡眠薬を発売しました。さらに、別の薬も治験中です。

不眠症の治療には、一九六〇年代以来、長い間、ベンゾジアゼピン類の薬が使われていました。ベンゾジアゼピンは、ＧＡＢＡ受容体というブレーキの役目をしている受容体の働きを強めます。つまり、ブレーキを強めることで眠気を誘導します。一方、オレキシン受容体拮抗薬は、覚醒を強めるオレキシンの働きを弱めて眠気を誘うため、いわば、アクセルを緩める働きがあります。そのため、より自然な眠気に近いと考えられており、副作用も少ないことから、既に不眠症治療の主役になっています。

こうして、ナルコレプシーという一つの珍しい病気の研究から、多くの人が恩恵を受ける、すごい薬が生み出されたのです。さらに、オレキシンを発見した当時はテキサス大学にいた柳沢正史先生は、その後帰国して、筑波大学に国際統合睡眠医科学研究機構という世界最大の睡眠研究所を作りました。その結果、日本は世界の中でも睡眠研究のトップを走り続けています。

あとがき

本書では、生物時計と睡眠のしくみについて、遺伝子レベルでの理解がどこまで進んでいるかを中心に最新の研究成果を概観しました。しかし、この分野の進歩は早いので、興味を持った方は今後も是非注目を続けて下さい。

筆者は一九八七年に医学部を卒業して、二年間臨床医として救急と急性期医療を中心とする民間病院（立川相互病院）で、内科と小児科の初期研修を行いました。その後は、一貫して分子生物学の分野で基礎医学研究に従事しています。また、サイドワークとしてですが、内科の診療もずっと続けてきました。がん遺伝子や細胞周期、生理活性脂質などさまざまなテーマで研究をしてきましたが、一九九九年に留学したことをきっかけにライフワークとして、本書で扱った概日周期と睡眠の分野を選びました。

臨床医療と基礎医学の両分野を経験した後にこのテーマを選んだのは、臨床医として、現代人のもっとも多い悩みである不眠症・過眠症などの睡眠障害に深い興味を持っていたこと、また、研究者としては、分子生物学的に未解明でチャレンジングなテーマだと考えたからです。さらに多くのテーマの研究に関わってきた経験から、一九九七年のジョー・タカハシの論文を読んで、この分野が今後大きく発展するだろうと直感しました。

現在、筆者は睡眠の基礎研究を続けるかたわら、内科医として熊本市のくわみず病院で睡眠障害の診療もしています（二〇二二年現在、私の外来は終了していますが、くわみず病院には睡眠センターができました）。また、二〇〇〇年から「睡眠障害相談室」というホームページ（http://sleepclinic.jp/）を公開して、睡眠に関する知識を広め、みなさんの役に立ててもらおうと微力ながら努力してきました。そのアクセス数は、現在、年に一〇万件のペースを超えて、睡眠障害への関心の高さを物語ります。メールで頂いた個別相談も、三年間でのべ千数百人から、交換したメールの総数は五〇〇〇通を超えました。本書でも、もう少し睡眠の病気について触れたかったのですが、ページ数の関係で割愛しました。

このホームページで、ボストン日本人研究者交流集会という会で行った一般向けのセミナーの内容を公開していたところ、現代新書出版部の川治豊成さんの目に触れて執筆の依頼を頂きました。この分野ではまだ駆け出しの研究者である私が、このような本を書くのは不適格かもしれないと危惧しましたが、初心者ならではの新鮮な視点で、この分野を楽しんでいる気持ちをそのまま伝えることも悪くないと考え、無知を晒す危険を冒して、本書を執筆することに決めました。そのため、不十分な点も多々あると思いますが、お許し頂ければ幸いです。

最後になりますが、私が医療と医学研究の分野でここまでキャリアを進めてこられたのは、ずっと支えてくれた両親はもちろんのこと、医学部の学生時代から長くお世話になった東京大学医学部の清水孝雄先生、岡山博人先生、養老孟司先生、脊山洋右先生をはじめ、多くの恩師・恩人のおかげです。また人生の良きパートナーとして、やはり学生時代から支えあってきた妻の昭苑と、二人の息子たち、それから、さまざまな活動を一緒にしてきた友人・同僚・同志たちに、この場を借りて感謝したいと思います。

二〇〇三年八月二七日

条　和彦

文庫版あとがき

文庫版に収載して頂けるという話を聞いて、驚きました。新書出版から少しずつ版を重ね、電子版としても少しずつ、長期間、出版して頂きました。出版から一〇年程経った頃から、ずっと続編を書きたいと考えていました。しかし、教授業は大変多忙で、さらに新型コロナ禍で教務の仕事に忙殺されて、全く余裕がない状態でした。それが少し落ち着いた時に、お話を頂き、嬉しく引き受けさせて頂きました。

二〇年近く経過した内容を読み直すと、やはり修正すべきところや、書き足したいところが多くありました。文庫化にあたり、最新の進歩も、できる限り追加しましたが、残念ながら、面白い発見は網羅しきれていません。たとえば、ハエどころか、ヒドラが眠ることが示され、タコにもレム睡眠様の行動があることが報告され、冬眠状態を作りだす神経回路が発見されて、この分野の研究は盛り上がっています。今後の数年で大きく進歩が期待できる発見ですが、嬉しいことに多くが日本の研究者の業績です。本文の最後にも書きましたが、日本は、生物時計と睡眠の研究分野では、世界の最先端にいます。

個人的には、本書を書いた当時は、自分でも実験をしていましたが、その後、教授になり、今では、試験管を振ることも、ほとんどなくなっています。野球選手でいえば、現役を引退して、監督になった感じで、楽しくプレーしている学生がうらやましい程です。その中で、私のチームをずっとキャプテンとして率いてくれた冨田淳先生には深く感謝します。彼は、本書でセントラルドグマを壊した男として紹介したシアノバクテリアの研究者でしたが、一〇年以上にわたってショウジョウバエの睡眠の研究を一緒に進めてくれています。また、ブックガイドの更新は、読書が大好きな大学院生の小林里帆さんが手伝ってくれました。他にも、多数の方に支えてもらって、楽しい研究者生活を続けて本書を執筆できたことに、心から感謝いたします。

文庫化にあたっては、今岡雅依子さんに編集の労を取って頂きました。久しぶりにダメ出しも頂いて、新鮮な気持ちで本書を改訂することができました。どうもありがとうございました。

本書を読んで、時間生物学や睡眠科学、広くは自然科学に興味を持ってくれる人が増えることを希望します。

二〇二二年一月一三日

粂　和彦

■**ジョン・D・パーマー『生物時計の謎をさぐる』小原孝子訳、大月書店、2003年**

生物時計の研究を40年以上続けている動物学者が一般向けに書いた本。ミドリムシ、シオマネキなど海洋生物から昆虫、植物まで、珍しい生物現象がたくさん紹介されていて、とても面白い。

■**石田直理雄『生物時計のはなし——サーカディアンリズムと時計遺伝子』羊土社、2000年**

「生物時計」研究の進歩が簡明にまとめて書かれている。少し知識のある理科系の学生や研究者に適した本。

■**内山真編『睡眠障害の対応と治療ガイドライン』じほう、第3版、2019年**

厚生労働省の睡眠障害の研究班がまとめた、日本では最初のガイドライン（初版は2002年）の最新版。実際に睡眠障害の診療をする医師向けに書かれているが、良い睡眠のための12条を代表に、一般の方への啓蒙書でもあり、睡眠障害に悩む患者にも勧めたい。

■**中澤洋一・鳥居鎮夫編『眠らない、眠れない——ドキュメント不眠相談室』法研、1999年**

睡眠障害の現場を、わかりやすい症例を取り上げて紹介した本。一般向けの本だが、読み応えがあり、逆に医師にも勧められる。やや古くなってしまったが、巻末に睡眠専門外来をもつ病院の一覧もある。

以下は、本書の原本を書いた時に参考にした初版のブックガイドから、今でもお勧めできる本を抜き出しましたが、絶版になっているものもあります。

■ウィリアム・C・デメント『ヒトはなぜ人生の3分の1も眠るのか？』藤井留美訳、講談社、2002年

著者は1950年代からレム睡眠の発見などの研究に貢献し、アメリカのスタンフォード大学睡眠医学センターを設立した睡眠医学の祖ともいうべき人。そのパイオニアが、一般向けに書いた本で、誰にでも読みやすく面白い。

■本多裕『ナルコレプシーの研究――知られざる睡眠障害の謎』悠飛社、2002年

デメント博士に匹敵する睡眠研究者の一人で、ナルコレプシー研究・診療では世界の第一人者。47年間にわたるナルコレプシー研究の経験をつづった本。この本も、一般向けであり、誰にでも推薦できる。

■中川八郎・永井克也『脳と生物時計』ブレインサイエンスシリーズ5、共立出版、1991年

■井上昌次郎『脳と睡眠』ブレインサイエンスシリーズ7、共立出版、1989年

古い本だが、睡眠研究・概日周期研究の初期の頃から始めて、研究の発展の様子がよくわかる。やや基礎知識のある人向けではあるが、よくまとまっていて面白い。筆者が、この分野の研究に惹かれるきっかけとなった本。

■ミッシェル・ジュヴェ『睡眠と夢』北浜邦夫訳、紀伊國屋書店、1997年

睡眠研究で有名な生理学者の書いた本で、非常に面白い。やや高度な内容もあるが、一般の方にも勧められる。

■ディーン・ブオノマーノ『脳と時間――神経科学と物理学で解き明かす〈時間〉の謎』村上郁也訳、森北出版、2018年

脳科学の専門家が、認知科学視点と哲学的視点から異なって見える時間の謎を、わかりやすく解説した本。

■松本 顕『時をあやつる遺伝子』岩波科学ライブラリー、2018年

ショウジョウバエの生物時計研究を初期から知る著者による2017年のノーベル賞の裏話などの玄人にも面白い逸話が満載の科学書。

■櫻井 武『睡眠の科学・改訂新版――なぜ眠るのか　なぜ目覚めるのか』講談社ブルーバックス、2017年

オレキシンを発見した睡眠研究の第一人者による睡眠科学の解説書。

■中山明峰『ここからスタート！　睡眠医療を知る――睡眠認定医の考え方』全日本病院出版会、2017年

睡眠医療認定医が、初心者向けにわかりやすく書いた入門書で、専門家以外にもお勧めする。新聞に掲載された50編のコラムも面白い。

■本間研一・本間さと・広重力『生体リズムの研究　復刻版』アショフ・ホンマ記念財団、2012年

ヒトの概日周期の研究で世界をリードしてきた本間先生ご夫妻が初期の頃からの研究法をまとめた著書。専門家は必読であり、研究史に興味のある方にも、お勧め。初版は1989年。

ブックガイド

睡眠の科学的側面と、睡眠障害などの睡眠の問題について、多数の本が出版されていますが、一般の方にお勧めできる本を新しい順に紹介します。

■ニュートン別冊『睡眠の教科書』ニュートンプレス、増補第2版、2021年

老舗の科学誌が睡眠の最新科学をまとめたもので、とても読みやすく、お勧め。柳沢正史先生のインタビュー記事も収載されている。

■ナショナル ジオグラフィック別冊『なぜ眠るのか　現代人のための最新睡眠学入門』日経ナショナルジオグラフィック社、2021年

写真を中心とする雑誌の別冊なので、図版がとても綺麗。また、同誌のWEBサイトでは、睡眠医学研究の第一人者の三島和夫先生が、2014年以来、130回を超える「睡眠の都市伝説を斬る」という長期連載もしている。

https://natgeo.nikkeibp.co.jp/nng/article/20140623/403964/

■ラッセル・G・フォスター、レオン・クライツマン『体内時計のミステリー ――最新科学が明かす睡眠・肥満・季節適応』石田直理雄訳、大修館書店、2020年

時計遺伝子が発見された後に大きく進歩した、概日リズムと健康の関係を、この分野の専門家が解説した本。

■日本睡眠学会編『睡眠学』朝倉書店、第２版、2020年

専門家向けの教科書。基礎科学から臨床医療までを網羅しており辞典的に使える本。

KODANSHA

本書の原本は、二〇〇三年、講談社現代新書として小社より刊行されました。文庫化にあたり、最新の研究をふまえて加筆修正を行ないました。